I0474226

أكثر من ستين دقيقة

عندما تتوقف الأرض

بقلم طارق نيازي

بقلم وترجمة طارق نيازي © 2012 -2009

جميع حقوق الطبع والنشر محفوظة
ISBN-13:978-1478363125
ISBN-10:1478363126

iii

شُكر وتقدير

بدايةً أود أن أعبر عن شكري العميق لأساتذتي الذين علموني منذ الصغر أسلوب البحث وحب التعمق والأخذ بجميع الأسباب والأفكار مهما بلغت من الصغر. وأشكر هؤلاء الذين غرزوا فيّ حب الكتابة والتعبير والمشاركة فالناس الذين نحظى بمقابلتهم يومياً هم معينٌ لا ينضب من الخبرة والمعرفة والحكمة. كما أتوجه بكل حب للأصدقاء الذين أهدوني العديد من الكتب في شتى المناسبات والتي كانت ، دون أن يدركوا ، بمثابة المحرك الأساسي وراء قيامي بوضع هذا الكتاب الذي أنتم على وشك أن تقرؤنه.

وأتوجه بشكرٍ خاص لإبنتي الغالية 'لينا' لما أمدتني من يد العون والمساعدة في جمع العديد من المعلومات الجيوجرافيه والموثقة كما كان تشجيعها وحث إبني 'يوسف' المستمر ليّ وملاحظاته اللغوية بمثابة المداد الذي أثرى قلمي وأمد شراعي بالريح اللازمة للإبحار في عالم الكتابة والنشر. وأخيراً وليس آخراً أتوجه لقرّاء هذا الكتاب بالعرفان على ما قد يضيفونه من أفكار وتعليقات من شأنها المساهمة في تحسين ظروف الحياة وتفادي بل وتقليص المخاطر الناجمة عن التغييرات الحادثة بكوكب الأرض. لقد نشرت أول نسخة من هذا الكتاب باللغة الإنجليزية في ديسمبر 2009. وها هي ذي النسخة العربية التي ترجمتها بنفسي وأرجو ألا يكون قد جانبني الصواب في التعبير أو النسق أو الترجمة.

مُقدمة

في خلال العقد السابق تجمعت لديّ وبدون أي سابق تخطيط أو تنسيق معلومات في مجالات شتى كالتاريخ والجيولوجيا والبيولوجيا واللاهوت والفيزياء والفلك. وتعددت مصادر تلك المعلومات فالبعض وصلني من خلال كتب أهداها ليّ الأهل والأصدقاء والبعض وصلني من خلال برامج وثائقية وثقافية بالإذاعات المسموعة والمرئية والتي وجدت ، في سابق معرفتي وتخصصي بالهندسة الإلكترونية والفيزياء ، التربة الصالحة للنمو والإثراء. كما وجدتُ سطور التاريخ المدونة بالكتب السماوية ترسم أمامي معانٍ جديدة لم يسبق لعقلي الوصول إليها من قبل على الرغم من إعادة المطالعة مراراً وتكراراً في شتى مراحل العمر. وفي لحظة بدا لي أن تلك المعلومات والمعارف ، وعلى الرغم من تشتتها ، تترابط مع بعضها البعض بخيطٍ رفيع بل وتتلاحم لتكون صورة شاملة لم أستطع أمامها إلا البدء في صياغة هذا الكتاب ووضعه بين أيديكم.

ويحتوى جزءٌ لا يُستهان به من هذا الكتاب على العديد من الإكتشافات التي توصل اليها الباحثون من شتى بقاع الأرض والتي تناولت كوكب الأرض على وجه الأخص وتمثل في مجموعها حجر الأساس لهذا الكتاب. ولقد حاولت جاهداً أن أبرز إكتشافاتهم وأن أردد كلماتهم كلما أمكن. إن ربطي تلك المعارف بواسطة فكر مختلف والإضافة إليها لأكبر الأثر في إبراز صور جديدة ، البعض منها قد لا يزال في حاجة إلى مزيد من التحري والتنقيب. فكما نما إلينا عن طريق وسائل الإعلام المختلفة ، تعزو معظم التقارير العلمية والوثائقية التغيُّر المناخي والزيادة الحرارية إلى الممارسات الخاطئة للبشر من إزدياد الفضلات العمرانية والصناعية وتصحّر الغابات وإزدياد معدلات إنبعاث الغازات الدفيئة مثل ثاني أكسيد الكربون بدرجة غير مسبوقة. وفي هذا الكتاب أحاول أن أبرز أن مثل تلك الإدعاءات قد جانبها الصواب ، وإن كان الحد من التلوث بكافة أنواعه واجباً أخلاقياً على الجميع. إن معظم المراجع العلمية تشير إلى أن درجة الحرارة عند مستوى البحر تبلغ أشدها عند خط الإستواء وأقلها عند الأقطاب الجغرافية للأرض نظراً لأن المدار

الأستوائي الجغرافي أقرب للشمس عن الأقطاب الجغرافية ولكن ميل محور دوران الأرض لا يجعل المدار الأستوائي الجغرافي في أقرب وضع للشمس إلا يومان إثنان بالسنة فكيف إذاً يحتل أكبر درجة حرارة طوال العام . وهنا أطرح بهذا الكتاب وأدلل بالمعادلات الرياضية علاقة إرتباط درجات الحرارة على سطح كوكب الأرض بإختلاف كثافة المجال المغناطيسي الذي يغلف الكوكب ويتفاوت في شدتة فيبلغ أشده عند القطبين المغناطيسيين حيث تتدنى درجة الحرارة ويبلغ هوانه عند خط الإستواء المغناطيسي حيث تتعاظم درجة الحرارة. وعلى هذا فعند إنحراف القطبين المغناطيسيين من موضعيهما ينحرف خط الإستواء المغناطيسي وتنحرف الخارطة الحرارية والمناخية لكوكبنا، بل وأحاول الرد على العديد من الأسئلة التي لم تجد لها بعد الإجابة المقنعة مثل: لماذا تضاعفت أعداد الزلازل سنوياً منذ بداية التسعينات من القرن الماضي؟ هل الأسباب التي تدفع بذوبان القطبين الجليديين على سطح الأرض هي نفس الأسباب التي تؤدي إلى ذوبان الجليد فوق كوكب المريخ؟ ولم يذوب الجليد في غرب القارة القطبية الجنوبية بينما يزداد كثافةً بشرق القارة القطبية الجنوبية؟ أو لم بدأ ظهور مجالات مغناطيسية معاكسة في القارة القطبية الجنوبية منذ ما يقرب من 10,000 عام ، والتي يعتقد العلماء أنها مؤشر لقرب إنقلاب الحقل المغناطيسي المغلف للأرض؟ ثم ما الذي يدفع الأرض على الدوران حول محورها وتختلف سرعتها زيادةً ونقصاناً بجزء على 1,000 من الثانية يومياً؟ وهل يأتي الزمن الذي تتباطئ فيه سرعة دوران الأرض حول محورها مثلما حدث مؤخراً في أخر ثلاث عقود بكوكبي الزهره وزحل؟ وإذا كانت هناك دورة لتغيُّر المناخ فما هي؟ وإذا كنا نجد في أساسيات علم الفيزياء والمغناطيسية وإرتفاع معدلات الزلازل والبراكين بالعالم تفسيراً للتغيُّرات التي تمر بها الأرض حاليا فإننا نجد بالكتب السماوية الأدلة التاريخية على تكرار مثل تلك التغيُّرات وتساعدنا الأبحاث التاريخية والجيولوجية في تحديد دوريّة وهويّة تلك التغيُّرات.

إن جزءاً مهماً من هذا الكتاب وُضع ليشد إنتباه القارئ للعديد من الإكتشافات التي قدمها العلماء والمستكشفون لشرح بيئة كوكب الأرض

والتي بدونها لم يكن ليتسنى لي أن أطرح أي فكر جديد . ولقد حاولت قدر الإمكان تقديم ما طرحوه بنفس النص الذي قدموه و ما قمت به هو فقط ربط تلك الاكتشافات والنظريات والمعارف ببعضها البعض ولكن بأسلوب غير مسبوق لأصل إلى الإكتشافات التي أنتم على وشك قرائتها. وكل ما أتمناه هو أن يقوم الأخرون بالتمحيص والتفنيد لما توصلت إليه للوصول إلى درجة أعلى من الكمال في النتائج. وتطالعنا وسائل الإعلام بصورة شبه يومية بتقارير وتسجيلات وثائقية وأخبار عن الأثر المباشر على المناخ جراء ممارسات البشر الخاطئة في إدارة المخلفات المدنية والصناعية والتصحر وزيادة الإنبعاثات الكربونية والغازات الدفيئة. وفي هذا الكتاب أحاول تقديم منظور مختلف ليس للبشر به دخل وأن أدلل لأغلبية العلماء أن كل ما صرحوا به لشرح ظاهرة تغيُّر المناخ قد جانبه الصواب. إن كل المراجع العلمية تشير إلى أن حرارة المدار الإستوائي أعلى من الحرارة عند الأقطاب إذا قيست عند مستوى البحر. وهنا أدلل وأشرح أن هذا يعتمد على موضع القطبين المغناطيسيين بالضرورة. وإذا تحرك القطبين المغناطيسيين من مكانيهما بالقرب من القطبين الجغرافيين وهذا شئ غير مستبعد فهما دائمي التجول ، فإن الأحزمة الحرارية ذات المناخ المتجانس للأرض سوف تتغير وتلتف بحيث تتبع الحرارة الدنيا مسار كل من القطبين المغناطيسيين. وحيث أستعنت بنظريات الكهرومغناطيسية و الميكانيكا وزيادة معدلات الزلازل والآثار الجيولوجية لشرح ما يحدث الآن من تغييرات لكوكب الأرض فقد استعنت أيضا بكتابات وفلكلور القدماء والتي تتعرض لها أيضاً الكتب السماوية لمحاولة الوصول إلى دورية تغيُّرات كوكب الأرض الطبيعية.

فصل المنبع يضع الإنسان على خارطة التغيُّرات فنتناول العنصر البشري بالتحليل لفهم آثار التغيُّرات البيئية على البشر من واقع دراسة الهجرة البشرية على مدى العصور وفي مختلف أنحاء الكوكب والتطور العقلي والروحاني خلال 70,000 عام. على أنه وكلما تغلغلنا في أسلوب عمل العقل البشري ومحاولة فهم مصادر الإختراع والإبتكار والشفافية والإستقراء نجد أنفسنا وعن طريق الإستعانة بنظريات فيزياء الكمّ نعود إلى فسيح الكون وطاقاته فبعض

العلماء يدعون أنه بإمكان العقل البشري فك شفرة مستويات الطاقة الكامنة في ذرات الكون كمعلومات معرفية لكي ترد على السؤال الأزلي في كيفية إستطاعة البعض منا الإبتكار والإختراع وعدم إستطاعة البعض الآخر؟ ويرد علم فيزياء الكمّ بأنه كلما تمدّد الكون وأخذت الطاقة الكامنة به أشكال عدة كلما زاد كمّ البيانات والمعلومات الكونية القابعة في مستويات الطاقة لأصغر الجسيمات وهنا تتمثل المعجزة الكبرى للعقل البشري للتناغم والتواصل مع مصادر البيانات والمعلومات تلك وإستقرائها أو تحديثها كلما دعت الحاجة مما يقربنا من **النظرية الأحادية لكل الأشياء** والتي تستطيع لم شمل جميع النظريات العلمية وتفسير جميع المشاهدات وإضافة المزيد من الإكتشافات كما يأمل بعض العلماء مثل ستيفن هوكنج الذي كان يشغل حتى شهر سبتمبر 2009 كرسي الأستاذية في الفيزياء بجامعة كمبريدج.

فصل الأرض إن معظم الكتب والمراجع العلمية الحديثة تنص على أن مصدر خطوط القوى المغناطيسية والتي تُغلف كوكب الأرض هو بفعل الإكترونات السابحة في مدارات حلزونية بالنواة الخارجية المنصهرة في باطن الأرض. وهنا تغاضى العلماء عن قوة ثابتة قد أثبتها العالم الفرنسي كوريوليس في القرن التاسع عشر وأُطلق عليها أسم قوة كوريوليس والتي تنص على أن حركة المواد على إطار دائري أو كروي يتبع مسار دائري عكس إتجاه عقارب الساعة في النصف الشمالي وفي إتجاه عقارب الساعة في النصف الجنوبي ، كما أن المسار يتعامد على محور دوران الإطار. وبالرجوع إلى نظريات الكهرومغناطيسية وبالأخص "قاعدة اليد اليمنى" نجد أن مرور تيار كهربي في أنشوطة دائرية أو حلزونية يبعث مجال قوى مغناطيسية يتعامد مع مستوى حركة التيار. وعند تطبيق تلك القاعدة على الإلكترونات السابحة بالنواة الخارجية وصولاً إلى المانتل الداخلي نجد أن تتدفق في مدار حلزوني نتيجة إلتفاف الأرض حول محورها ,ان ذلك المسار يتعامد على محور دوران الأرض. ومن قواعد الكهرومغناطيسية تولَد مجال مغناطيسي عمودي بمركز أي تيار كهربي يقتفي مساراً دائرياً. وعلى هذا تتوازى خطوط القوى المغناطيسية المتولّدة مع محور دوران الأرض مما يعنى تتطابق متوسط خطوط

القوى المغناطيسية تلك أو بمعنى أخر موقع القطب المغناطيسي وموضع القطب الجغرافي وهو ما تنفيه الحقائق والقياسات فالقطب المغناطيسي دائم التجوال حول القطب الجغرافي في التاريخ المعاصر ، ناهيك عن أن القطبين المغناطيسيين يتحركان بحرية في معزل عن بعضهما البعض ولا يقعان على طرفي النقيض من سطح الأرض فالقطب المغناطيسي الجنوبي في الدائرة القطبية يبعد عن القطب الجغرافي الشمالي بعشر درجات في حين أن القطب المغناطيسي الشمالي يبعد عن القطب الجغرافي الجنوبي بثلاثة و عشرين درجة. وللإجابة على تلك الأسئلة فإني أُجادل الفرضيات التي وضعها الباحثون وعلماء الفضاء والآخرون من دونهم وأستعين بالإكتشافات الجيولوجية والنظريات العلمية بمدخل مختلف لأضع بين أيديكم البرهان بأن هناك مصدراً مخالفاً للمغناطيسية التي نلمسها على سطح الأرض. فقد أعلن الباحثون بجامعتي إلينوي ونانينج بأن النواة الداخلية للأرض لها نواة داخلية خاصة بها. وأن كريستالات الجزء الخارجي من النواة الداخلية تتآلف في إتجاه شمال-جنوب مما يعني أنها تتكون من سبيكة حديد وكوبالت دائم المغناطيسية.وأن كريستالات الجزء الداخلي من النواة الداخلية تتآلف في إتجاه شرق-غرب مما يعني أنها لا تقتني أية قوى مغناطيسية وأن ترتيب كريستالاتها يتم بفعل تيار الإلكترونات المتدفق من ذلك الجزء من النواه الداخلية كونه مشع وتحت تأثير قوة كوريوليس أي في إتجاه عمودي على محور الدوران. وبالتمعن في تفاعل الإلكترونات السابحة مع خطوط القوى المغناطيسية الناشئة من الجزء الخارجي للنواة الداخلية عند الغلاف الحدودي بين شطري النواة الداخلية وأيضا عند الغلاف الحدودي بين المانتل الداخلي والنواة الخارجية نجد تولد قوة لورنتس والتي بفعل إتجاهات الإلكترونات وخطوط القوى المغناطيسية القائمة تؤثر في إتجاه عكس عقارب الساعة طبقاً لقاعدة اليد اليسرى من قوانين الكهرومغناطيسية. مثل تلك القوى تدفع بالنواة الداخلية للدوران حول محور دورانها كما تدفع المانتل الداخلي للدوران أيضا حول محور دوران الأرض مسببةً حركة مجملة لطبقات الأرض للدوران حول محور دورانها وتعاقب الليل والنهار. ولو تبادل القطبين المغاطيسيين موضعيهما لإنعكست خطوط القوى المغناطيسية وعند تطبيق قاعدة اليد

اليسرى نجد إنعكاساً في إتجاه قوة لورنتس المتولّدة مما يعني دوران الأرض حول محور دورانها في إتجاه عقارب الساعة وطلوع الشمس من الغرب وغروبها في إتجاه الشرق. إن هناك العديد من الأدلة الجيولوجية والبشرية والتاريخية الدالة على تفاوت سرعة دوران الأرض حول محورها في أزمنة مختلفة ولسوف أتناولها بالشرح والتفنيد. كما سأحاول تطبيق نفس المنظور لشرح حركة دوران بعض كواكب المجموعة الشمسية حول محورها وتفسير دوران كوكبي الزهرة ويورانوس حول محوريهما في إتجاه معاكس لبقية الكواكب.

لقد تناولت في تحليلي أيضا أثر خطوط المجال المغناطيسي القابع في منطقة الثرموسفير من الغلاف الجوي والتي تمتد من 100 كم حتى 800 كم من سطح الأرض (63 ميل حتى 500 ميل) على تباين درجات الحرارة على الأرض عند مستوى سطح البحر. فكما نعلم فإن الشمس دائمة الإصدار للاشعاعات بأنماطها المختلفة وأيضا الأجسام المشحونة مثل الإلكترونات والبروتونات وعند وصول البروتونات لكوكبنا لا تستطيع النفاذ من المجال المغناطيسي المغلف للأرض فتبدأ في التردد بين القطبين المغناطيسيين في مسارات حلزونية تلتف حول الخطوط المغناطيسية الواصلة بين القطبين وتتفاوت في سرعتها فتبلغ الذروة في منتصف المسافة بين القطبين المغناطيسيين حيث الخطوط في أقصى إنفراج لها وتبلغ سرعتها أدناها عند القطبين حيث الخطوط تكاد تكون متلاصقة فترتد في المسار في إتجاه القطب المغناطيسي الأخر. والبعض منها قد ينفذ بسرعات متدنية عند القطبين المغناطيسيين إلى طبقة الغلاف الجوي السفلى أي التروبوسفير والتي تمتد حتى 17 كم (10 ميل) من سطح البحر فتتصادم مع ذرات الهواء مسببة ظاهرة الشفق القطبي أو الأورورا. على أن التصادم الأقوى يتم بين تلك البروتونات بعضها البعض أثناء تردده بين القطبين المغناطيسيين مما يتسبب بإرتفاع درجة حرارة الثرموسفير حتى 1,700 درجة مئوية في منتصف المسافة بين القطبين المغناطيسيين. مما دفعني لتطوير نموذج حسابي لذلك الجسم الأشعاعي في طبقة الثرموسفير لأجده مولداً لطاقة تبلغ 1.8 ضعفاً للطاقة الواصلة مباشرة للأرض من الشمس من على بعد 150 مليون كم (93 مليون ميل). وهنا أطرح تفسيراً أكثر منطقية للأحزمة الحرارية التي تعرّف المناطق

المناخية المختلفة على سطح الأرض وكيف أن المدار الأستوائي الواقع مباشرة تحت منتصف غطاء الثرموسفير الممتد بين القطبين المغناطيسيين هو الأعلى حرارة على سطح الأرض وكيف أن تلك الأحزمة الحرارية تتخذ من القطب المغناطيسي مركزاً لها فإذا تغير موقع القطب المغناطيسي تغير موقع الأحزمة الحرارية وتسبب ذلك في تبادل المناخ فالأرض الصحراوية قد تنقلب خضراء والعكس صحيح وحينما يحل القطب المغناطيسي يبدأ في تكوين غطاء جليدي جديد عوضاً عن ذاك الذي ذاب نتيجة رحيل القطب المغناطيسي بعداً عنه. على أنه ونتيجة ضعف الغلاف المغناطيسي فوق نصف الكرة الغربي والمحيط الجنوبي جراء حركة القطبين المغناطيسيين شرق منذ أكث من 150 عاماً فقد أصبحت البروتونات الآتية من الشمس أكثر تغلغلاً للمجال المغناطيسي في الغرب ونشأ عن وصولها بطاقات عالية وإصدامها بمياه المحيطات أن دفئت المياه وتحررت هيدرات الميثان الكامنة تحت برودة وضغط المياه فخرجت إلى الهواء وتفاعلت مع ذرات الأكسيجين منتجة ثاني أكسيد الكربون وبخار الماء وكلاهما غازات دفيئة تدفع الأحتباس الحراري إلى مستويات عالية وخطيرة.

فصل الدورة يأخذنا في رحلة تاريخية للبحث والتنقيب عما إذا كانت الأرض قد مرت بتغيُّرات ملحوظة ومماثلة على مدى العصور السابقة مثل تلك التي نمر بها الحين. وفي محاولة لفهم أسباب ودورية تغيُّرات الكرة الأرضية نطالع تدوين التوراة لرحلة خروج نبي الله موسى وبصحبته العبرانيين من مصر حوالي عام 1,597 قبل الميلاد بهديٍ من جرم سماوي بدا كما لو كان إشارة للخروج ودليل لإتجاه مسيرة الخروج وحينها توقفت الأرض عن الدوران ثلاث ليال طغى فيها الظلام على أرض مصر ، كما تطالعنا صفحات التوراة. ونستكمل الإستطلاع بمطالعة وصف ما حدث بعد وفاة نبي الله موسى وتولي يوشع بن نون زمام الأمور. وفي أثناء إحدى المعارك التي خاضها ، دعى يوشع ربه لكي تثبُت الشمس مكانها بالسماء ولا تغرب حتى تنتهي المعركة ، وثبت الشمس والقمر بموقعيهما في السماء أو بمعنى آخر توقفت الأرض عن الدوران وطال اليوم. أي أن كوكب الأرض توقف مرتين عن

الدوران حول محوره في فترة تتراوح من 40 إلى 50 سنة منذ ما يقرب من 3,550 سنة. كما نطالع آيات من القرأن الكريم بسورة الأنعام، ونلمس حيرة إبراهيم عليه السلام عندما رأى بالعين المجردة كوكبًا في السماء. وهنا تزداد حيرتي فكيف وبدون تليسكوب فضائي يتمكن إبراهيم عليه السلام من رؤية كوكباً بالسماء؟ إلا إذا كان واضح الرؤيه مثله مثل القمر أو الشمس أي على مقربة من كوكب الأرض. وكيف أن بعض الأدلة التاريخية تدل على أن إبراهيم عليه السلام قد سبق نبي الله موسى بأكثر من 3,000 سنه على العكس من تأريخ معظم الباحثين والمؤرخين والذي يقترح أقدميته بحوالي 500 سنة فقط! إن بعض الباحثين يدلل على بناء نوح عليه السلام للفُلك وحدوث الفيضان العظيم قبل حوالي 10,600 أي ما يعني تكرار تغيُّرات بيئية مؤثرة في كوكب الأرض كل 3,562 سنه على سبيل الدقة كما سنرى فيما بعد ويبدو أننا على وشك البدء في دورة جديدة من التغيُّرات في خلال السنوات القليلة المقبلة وحينها نصحح خطأ الأبحاث التاريخية المتعلقة بجدول المايا لتغييرات كوكب الأرض ليصبح التاريخ الصحيح أغسطس 2017 أو أكتوبر 2024 عند كسوف الشمس وليس ديسمبر 2012.

فصل العمل يُنوه إلى ضرورة توسم التغيُّرات والمخاطر قبل حدوثها وبالتالي رسم الإستراتيجيات وتبني الأفعال المؤثرة لتقليص فقدان الموارد الطبيعية والصناعية ولحفظ السلالات الحيوانية والنباتية من خطر الإندثار ولتسهيل وتسريع التأقلم مع التغيُّرات المناخية والإجتماعية والنفسية. فإذا كان هناك تغيُّر في الخارطة المناخية ومعدلات الإمطار على سبيل المثال مما يتسبب في فشل العديد من المحاصيل الزراعية فهل هناك مخزون كاف من الحبوب الغذائية لتلافي مجاعة عالمية ؟ وماذا يُمكن عمله لبناء تعاون مشترك وحاسم بين بلدان العالم لمواكبة إنحراف الخارطة المناخية والموارد المائية ونشوء خارطة زراعية جديدة؟ وماذا عن الأنظمة المالية والبنية الأساسية والطاقة والثروة الحياتية وتطبيق القانون والنظام المدني؟

إن الخلفية العلمية لديّ قد تأسست من خلال دراستي الجامعية لعلوم الفيزياء والإلكتروني ات وشغفي بالجيولوجيا وترتكز خبرتي المهنية على نظم المعلومات

والإدارة والإستثمار والتنمية. وقد كان لجسامة الموضوع وأثره على كافة البشر الحافز الأساسي نحو سرعة نشر هذا الكتاب والإبتعاد عن التعمق أكثر مما يجب إقتصاداً للعامل الزمني. على أني أرى أن العديد من رؤوس المواضيع والتي قد حاولت تحليل بعضها في هذا الكتاب قد تمنح العديد من المفكرين والباحثين وأولي الأمر الفرصة إذا رغبوا في المزيد من التعمق والإستكشاف سواءً بصدد جرم سماوي يقترب والمجموعة الشمسية في دورة محددة أو بصدد حساسية نواة الأرض الداخلية للتغيُّرات المغناطيسية أو أي رابط تسلسلي بين الإثنين. ناهيك عن كوننا أناسٌ نعيش ونتعايش على نفس المركبة الفضائية التي نطلق عليها إسم كوكب الأرض ومن الأولى إستغلال التغيُّرات القادمة وتحويلها إلى خير فرصة للتكاتف والتعاون ودحر الخلافات حيثُما وأينما وُجدت .

المحتوى

المنبع

الرؤية عن بعد تُعبّر عن محاولة جمع معلومات عن هدف بعيد عن مجال البصر وذلك بواسطة قدرات بشرية فوق العادة وشفافية عالية. وأول من أطلق مصطلح "الرؤية عن بعد" في عام 1974 هما عالمي علم النفس والتخاطر راسل طَرق وهارولد بوتهوف أثناء عملهما بمعهد ستانفورد للأبحاث بالولايات المتحدة. وبلغة أدق يُعنى مصطلح "الرؤية عن بعد" بإستخدام أساليب ذهنية لوصف أهداف تبعد في المكان والزمان كما أُعلن في خلال التسعينات من القرن الماضي وأثناء الإفصاح عن وثائق تخص مشروع بوابة النجوم والذي تبنته الحكومة الأمريكية بهدف تقييم إستخدام القدرات فوق العادة للبعض لأغراض إستخبارية وعسكرية وقيل أنه بحلول 1995 تم إلغاء المشروع لثبات عدم جدواه. على أنه وطبقاً لما كتبه راسل طَرق فقد تم إستخدام أساليب الرؤية عن بعد في الكشف عن المعادن وإقتفاء أثر الأشخاص المفقودين (Targ, 2004). ففي كتابه ’عقل بلا حدود’ أو *Limitless Mind* يكشف راسل طَرق أسلوب الوصول إلى مختطفي باتريشيا هيرست حفيدة أسطورة الصحافة الأمريكية وليم راندولف هيرست بواسطة إستخدام أسلوب الرؤية عن بعد. ففي فبراير من عام 1974 قامت مجموعة من المختطفين تطلق على نفسها "حركة التحرير التكافلية" بإختطاف الفتاة ذات التسعة عشر ربيعاً من محل سكنها بجامعة كاليفورنيا ببركلي حيث كانت تدرس. وباءت محاولات الشرطة الوصول إليها بالفشل حتى لجأت إدارة الشرطة إلى الإستعانة بباتريك برايس خبير الرؤية عن بعد من معهد ستانفورد للأبحاث وعلق باتريك آنذاك أنه قام بمعالجة مثل تلك الحالات أثناء عمله السابق كشرطي. وعند وصوله مخفر الشرطة وقبل أن يهم محققي الشرطة بغمره بأسئلتهم بادرهم باتريك بطلب السجل الذي يحتفظون فيه بصور المشبوهين والذين أُطلق سراحهم حديثاً من السجن. وقام باتريك بوضع الكتاب على المنضدة على مرأى من الجميع وظل يتصفح بإمعان كل صفحة ، وكانت كل منها تحوي صور أربع مشبوهين ، وعند الصفحة

العاشرة أي بعد تفصح صور أربعين مشبوهاً أشار بالسبابة إلى إحدى الصور وقال: "هذا هو .. هذا هو زعيم المختطفين". وتأكدت الشرطة في خلال الأسبوع من مزاعم باتريك فالرجل الذي أشار إليه هو دونالد ديفريز أو "ثينكويه" والذي كان قد إستطاع الهرب من سجن كاليفورنيا قبل العام. وأُسقط في يد المحققين فلا تُوجد لديهم أي معلومات تقودهم إلى محل هذا الديفريز وهنا إضطر باتريك إلى الجلوس مرة أخرى أمام صورة المشتبه فيه وبعد برهه قال أن المختطفين قد إتجهوا شمالاً وأنهم قد خلّفوا وراءهم سيارة بيضاء ستيشن واجن على قارعة الطريق وأشار إلى المحققين بمكان السيارة على الخريطة وإستطاعت الشرطة الوصول إليها ومن ثمّ وخلال جلسات أخرى تمكن باتريك برايس من مساعدة الشرطة الوصول إلى مكان المختطفين وإطلاق سراح الرهينة المختطفة.

ويحضرني في نفس النسق واحداً من أشهر المتمرسين في تجارب الرؤية عن بعد وهو جوزيف ماكمونيجل والذي كان من ضمن فريق العمل بمشروع بوابة النجوم حتي إنتهائه في 1995. ففي عام 1970 وخلال أدائه الخدمة العسكرية بالجيش الأمريكي كاد جوزيف أن يلقى حتفه ومر عقله بلحظات نورانية فور إصابته قبل أن ترد فيه الحياة مما قوّى بصيرته ومكنه من ممارسة الرؤيه عن بعد بدقة وكفاءة بمعهد ستانفورد للأبحاث فيما بعد. فقد أصبح بإمكانه الوصف الدقيق لأناس لم يراهم من قبل وأماكن وأشياء وأحداث دون مغادرة مقعده. وفي أحد كتبه 'آلة الزمان المثلى' *The Ultimate Time Machine* (McMoneagle, 1998) يصف جوزيف أسلوب بناء إهرامات الجيزة فيقول أنه على ما يبدو قد إستفاد المصريون القدماء من الماء لمساعدتهم في بناء الإهرامات. فقد قطع البناؤن الأحجار العملاقة من الجبال التي تبعد عدة كيلومترات عن موقع البناء ثم قاموا بإستخدام الزحافات لنقل الأحجار حتى المرفأ ومن ثم التحميل على الطوافات التي كانت تبحر نهر النيل إلى حيث موقع البناء والذي لم يكن إلا بحيرة تغمرها المياه. وكانت البضع صفوف الأولى من الأحجار تُصف وتقطع بدقة وكمال متناهي وكانت المياه تُستخدم ، ليس فقط لتليين الحجر أثناء قطعه وتسويته ، ولكن كميزان مائي لرص الأحجار دون تباين في إرتفاع أي منها عن سطح المياه

وبالتالي الوصول إلى مستوى أفقي تام لطابق الحجارة. ولاحظ جوزيف ، أثناء إحدى جلسات الرؤية عن بعد ، إنخفاض وإرتفاع مياه البحيرة بدورية وإزدياد مع مرور الوقت. وفي جلسة أخرى تكشّف له السر. فقد قام المصريون القدماء بحفر قناة فرعية للنيل بها أهوسة تنتهي بمتسع من الأرض. وقام البناؤن بتشييد سد حول موقع البناء يماثل في علوه إرتفاع أول طابق من طوابق الإهرام المزمع إنشاؤه. وعند قدوم الفيضان ترتفع مياه النيل وتتدفق في تلك القناة الإصطناعية وصولاً إلى المتسع الذي يمتلئ بالماء حتى إرتفاع السد فقط وتسيل المياه الزائدة خلف السد. وهنا يقوم البناؤن بقطع ورص الأحجار بدقة في البحيرة الإصطناعية على مستوى سطح المياه و بالتالي دون أدنى إنحراف عن المستوى الأفقي. ووجد جوزيف أن إزدياد إرتفاع مياه البحيرة مع قدوم كل فيضان قد نجم نتيجة إضافة بعض الأحجار سنوياً لتعلية جدار السد. وعلى هذا فكلما زاد إرتفاع السد زاد إرتفاع المياه وإستطاع البناؤن صف طوابق الأهرام على أكمل وجه. وهنا أجد الإجابة عن السر في أن الأقدمون قد دونوا زمن بناء الإهرام بعشرين فيضاناً وليس بعشرين عاماً! فالأجابة تتضح إذا علمنا أن حجم فيضان مياه نهر النيل يختلف إرتفاعاً وإنخفاضاً السنة تلو الأخرى ويُستنتج من ذلك أن البناء كان يتوقف إذا كان الفيضان منخفضاً عن المستوى المنشود لإرتفاع البناء المتنامي عاماً بعد عام. وفي كتابه يُقدر جوزيف ماكمونيجل زمن بناء الهرم الأكبر في الجيزة بخمسين عاماً. كما كتب أنه كان للبحيرة الإصطناعية الفضل لبناء الطوابق الأولى من الأحجار بحيث يتماثل كل طابق والمستوى الأفقي دون أدنى فرق. وتدل نظريات البناء الحديثة أنه من المستحيل هندسياً بناء قاعدة أفقية متناهية في الدقة بمثل حجم قاعدة الإهرام وقد فشلت جميع تجارب بناء هرم مماثل في عالمنا الحديث وبإستخدام معدات وأدوات حديثة بسبب عدم القدرة على الوصول بقاعدة الهرم إلى مستوى أفقي متناهي في الدقة فبدون المياه الساكنة لا يتمكن البناؤن من ضبط مستوى البناء أفقياً. فلولم يتماثل الإرتفاع بجميع الأركان لإنهار البناء تحت وطأة عدم تماثل توزيع وزن الأحجار. وذكر جوزيف ماكمونيجل أيضاً بكتابه أن المنطقة المحيطة بالإهرامات كانت مليئة بالغابات وجداول المياه على الرغم من كونها في زمننا

الحالي وعرة جرداء. فهل هذا يعني حدوث تغيُّر بالمناخ في زمن لاحق لبناء الإهرامات؟

في وثيقة بي بي سي BBC الفيلمية (Cruickshank, 2007) يشاركنا دان كروكشنك رحلاته الإستكشافية بحثاً عن أكبر الأثار التي إبتكرها الأنسان على مدى العصور. ففي أثناء رحلته في صعيد مصر زار وادي الملوك والذي إستقطنه الملوك من الأسرة الثامنة عشر وحتى الأسرة العشرين وكان أن ترك الملوك منطقة ممفيس وبدؤا ببناء القبور ، والتي لم تعد تتبع المعمار الهرمي ، بمنطقة طيبه. ويقبع السهل الذي بنيت فيه المقابر خلف معبد الدير البحري ويختفى عن النظر من جراء الجرف الجبلي. وعلى الرغم من أن الطريق المباشر المؤدي من ضفاف نهر النيل للوادي يمر بذاك الجرف فإنه يوجد مسار أقل حدة وأكثر طولاً بقاع الوادي ويُعتقد أن ذاك المسار الطويل كان يُستخدم للمواكب الجنائزية حيث يسهل نقل أغراض الجنازة بواسطة زحافات إلى حيث تقبع القبور الحجرية. وقد لاحظ دان كروكشنك أنه كان بالإمكان الوصول خلال ثلاثين دقيقة سيراً على الأقدام من قرية العمال على مسار وعر وتعجب في الوثيقة الفيلمية عن السبب الذي دفع بعمال بناء المقابر في الإقامة ستة كيلومترات بعيداً عن مياه النيل. ولكن وكما ذكر جوزيف ماكمونيجل أن الطبيعة بمصر في هذه الفترة الزمنية كانت غنّاء وعلى هذا كان عمال البناء يعيشون بمنطقة رغدة تتوافر فيها مياه الأمطار وأساليب الحياة بسهولة ويسر. وفي بحث حديث لكلية لندن الجامعية علق البروفيسور الدكتور حسن فكري إستاذ علم الآثار (1994–2008) أن المياه الجوفية العذبة التي تملؤ باطن الصحراء الكبرى بشمال أفريقيا بما يوازي حجم مياه البحيرات العظمى بأمريكا الشمالية وتمتد

الشكل 1- مصر الفرعونية

من المغرب حتى مصر تبلغ 7,000 سنة من القِدم مما يعني تمتع المنطقة بأجواء مطيرة وغابات وبحيرات مياه عذبة. وذكر الباحث إكتشاف آنيات وأدوات صيد أسماك أثرية بكهوف الصحراء الليبية مما يدل على تغيُّر مفاجئ بالمناخ ونزوح السكان بغتةً آنذاك.

المخ البشري يعد من الأعضاء الكهروكيميائية للجسم ويستخدم الطاقة الكهرومغناطيسية لأداء وظيفته وتعبر الموجات المخيّة عن النشاط الكهربي لخلاياه. وجدير بالذكر أنه تُوجد أربع تصنيفات للموجات المخّية تتدرج من السعة العالية والتردد المنخفض إلى السعة المنخفضة والتردد العالي وهذا يشمل جميع البشر من رجال ونساء وأطفال بل وجميع الثقافات والأصول العرقية . وتساعد جلسات التأمل على التجول بين التصنيفات الأربع للموجات المخيّة فقد أثبتت الأبحاث فوائد التأمل (University-of-California-Los-Angeles, 2009) من إزدياد القدرة على التركيز والتحكم في المشاعر بل وتقليل الإحساس بالتوتر وتقوية المناعة. ووُجد أن حجم المخ يزداد بين هؤلاء الذين يمارسون جلسات التأمل وأثبتت الأبحاث بهارفرد ويال ومعهد ماساشوسيتس للتكنولوجيا (Lazar, Treadway, & Chakrapami, 2006) الدلائل على أن جلسات التأمل تُحدث تغييراً بالتكوين الفيزيائي للمخ البشري. كما أفاد المسح الإلكتروني للمخ بإزدياد سُمك المخ حيث تُوجد مراكز الإنتباه ومعالجة الإشارات القادمة من مراكز الإحساس. ويزداد سمك مركز التفكير في المادة الرمادية بالمخ لكبار السن من ممارسي التأمل عن صغار السن على عكس المتعارف عليه. ويعتمد التأمل على التركيز في الإشارات القادمة من مراكز الأحساس وليس على التفكير في مدلولاتها فإذا إستمعت فجأة لبعض الضوضاء فلا تحاول تفسير معناها أو مصدرها ولكن فقط الإنصات والتركيز فيها وإذا لم يكن هناك أي شئ تسمعه فحاول الإنصات والتركيز في صوت تنفسك. ويستطيع المتمرسون في التأمل حجب تفكيرهم عن تفسير مدلول الأصوات أو الإشارات التي تصلهم من أي من الحواس كما يصلون إلى مرحلة حيث يقل الإدراك بالمكان الذي يحيط بهم. وقد أجرى العلماء بعض البحوث على أدمغة الرهبان البوذيين أثناء حالة

التأمل فوجدوا نشاط كهربي ببعض أجزاء المخ التي كانت في حالة هدوء وعلى العكس سكنت أجزاء المخ التي كانت في حالة نشاط في حال اليقظة. فقد قام الدكتور نيوبرج وفريق العمل بجامعة بنسلفانيا بالولايات المتحدة الأمريكية بإستخدام تقنية التصوير الدماغي (Newberg, 2002) على مجموعة من الرهبان البوذيين أثناء أدائهم جلسة تأمل لمدة ساعة من الزمن. وكان أن طُلب منهم عند دخولهم أعمق مراحل التأمل أن يشدون طرف خيط والذي بدوره ينبه بعض المعدات الطبية لحقن صبغة طبية في مجرى دم الراهب وبالتالي تتبعها وتسجيل مناطق نشاط المخ البشري في أعمق مراحل التأمل ومقارنتها بمناطق نشاط المخ في حالة اليقظة المعتادة وجاءت نتائج المقارنة بدلائل ملحوظة فقد علق الدكتور نيوبرج قائلاً: "كان هناك نشاطاً زائداً بالمنطقة الأمامية للمخ حيث توجد مراكز الإنتباه والتركيز وبالمقابل فقد قل نشاط الجزء الخلفي من المخ أو الفص الجداري parietal lobe أو حيث تتواجد مراكز التوجيه مما يؤكد فقدان المتأمل الإحساس بالوسط المحيط به". وهذا يبرر أنه خلال حالة اليقظة ندرك الوسط المحيط بأبعاده الثلاث والزمن ببعده الأحادي على أنه أثناء حالة التأمل العميق أو النوم تتلاشى أبعاد المحيط وتزداد أبعاد الزمن لأكثر من بُعد فيستطيع مخ المتأمل التجوال في إطارات من الماضي والحاضر والمستقبل بغض النظر عن المكان. وهنا نتساءل إذا كانت إحدى وظائف المخ البشري هي العمل كأداة إستقبال لإلتقاط المعلومات القابعة في ثنايا الزمان والمكان؟ وقد نجد في الغدة الصنوبرية والتي يطلق عليها البعض العين الثالثة الإجابة ! فالغدة الصنوبرية هي غدة صمّاء بأدمغة الفقاريات وتفرز هرمون الملاتونين الذي يتحكم في نمط النوم واليقظة وبعض وظائف الجسم المرتبطة بضوء النهار (Macchi & Bruce, 2004). وتشبه تلك الغدة قمع الصنوبر ومن هنا نشأ إسمها كما تقبع بالقرب من مركز المخ وبين فصّيه بالتجويف المخيّ العلوي epithalamus حيث يظهر متكلساً بالأشعة السينية من جراء الفلوريد الموجود بالماء ومعجون الأسنان. وتعد الغدة الصنوبرية والتي تنشط مع الضوء وتتحكم في توازن العديد من الوظائف الحيوية للجسم هي آخر غدة صماء تم إكتشافها فهي تعمل مع

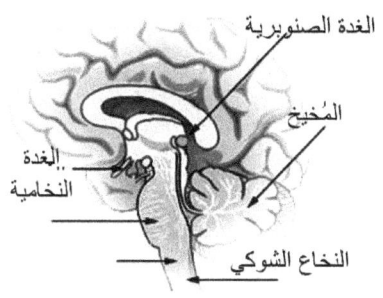

الغدة الصنوبرية

المخيخ

الغدة النخامية

النخاع الشوكي

الشكل 2- الغدة الصنوبرية

غدة الهيبوثَلاموس لتوجيه الإحساس بالجوع والعطش والرغبة الجنسية والساعة البيولوجية والتي ترسم سرعة زحف الشيخوخة. ولقد كانت الوظيفة الفسيولوجية للغدة الصنوبرية مجهولة حتى وقت قريب. فقد كانت التقاليد الصوفية تعتقد بترابط العالم المادي والآخر الروحي عن طريق تلك الغدة ، وكانت تُعد من أعتى مصادر الطاقة الروحية للبشر بل وكان يُعتقد في تأثيرها الفعال لإطلاق قوى خارقة للطبيعة مثل الرؤية عن بعد. ويجب إعلاء الذبذبة الدماغية والوصول إلى مراحل إدراك للنفس عميقة فيما يبدو لتفعيل عمل هذه الغدة أو العين الثالثة أو عين الزمن كما قيل. وتتعدد أساليب التفعيل فتشمل التأمل والتصور واليوجا والرؤية عن بعد فتتيح للمخ الرؤية فيما وراء المجال المحيط وعن طريق الممارسة والتدريب تكثر سرعة ودورية الإنخراط فتزداد قدرات الشفافية والرؤى القادمة في الأحلام. ويُقال أنه في البداية يتحتم إغماض العينين ولكن مع كثرة التدريب والممارسة يتمكن العقل من إستلام الرؤى والمعلومات والعينين مفتوحتين. ويبدو أن نوع المعلومات القادم للمخ عبر الغدة الصنوبرية يحتوي الجانب الشمي واللمسي والسمعي بجوار البصري وإلا أصبحت التجربة التأملية مثل مشاهدة فيلم أبكم وصامت. ولكن يظل الشاغل الأعظم هو كيفية قياس المعلومات القادمة إلى أو من المخ البشري. نحن إذا نحتاج إلى سند علمي يستطيع الغوص في أعماق الذرة والأجسام المتناهية في الصغر وهذا العلم نطلق عليه علم فيزياء الكم.

فيزياء الكمّ هو أحد العلوم الذي نشأ مع بدايات القرن الماضي وبتدبر نظرياته نتمكن من التعرض لتخزين وإستقراء المعرفة من فسيح الكون. فجميع الأجسام بالكون تتكون من مواد البناء الأساسية كالذرات وما تحويه من إلكترونات وبروتونات وفوتونات وفونونات ..إلخ. وفي بدايات القرن العشرين أعلن الفيزيائي الدنماركي نيلز بور عن نظرية الإزدواجية للجسيم

المتناهي في الصغر بين كينونة المادة والموجة. ومن الأمثلة المعتادة هو إعتبار الضوء أو الصوت على أنه موجات ترددية ولكنه أكثر من ذلك فمثل هذه الظواهر هي في الواقع جسيمات متناهية في الصغر quantum يُطلق عليها فوتونات في حالة الضوء وفونونات في حالة الصوت. ومن الأمثلة الأخرى إعتقادنا بأن إلكترونات الذرة هي جسيمات ولكنها في الواقع تنطوي أيضاً على موجات تعتمد على تباين موقع الإلكترون الدائم الحركة حول النواة. وتدلل تجربة الإنشطار المزدوج على الخصائص الموجية للجسيمات. ففي الشكل 3 يوجد مصدر للضوء وثلاث حوائط الأول به شق واحد والثاني ذي شقين والثالث مصمت أي بدون أي فتحات ، فهل لنا أن نتوقع مرور الضوء من خلال شق الحائط الأول وإستمرار مسيرته دون أي إنحراف؟

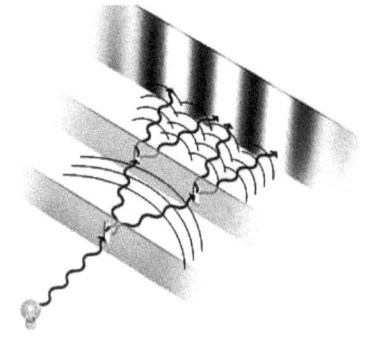

الشكل 3- الخصائص الموجية للجسيمات الضوئية

نظراً لعدم إدراج أي من شقي الحائط الثاني مع الخط المار بمصدر الضوء عبر شق الحائط الأول فلنا أن نتوقع عدم مرور الضوء عبر فتحات الحائط الثاني. فكيف لنا أن نشاهد تولُّد حزم ضوئية تتخللها حزم معتمة على جدار الحائط الثالث؟ ويرد علينا علم فيزياء الكم أنه نظراً لتبادل الفوتونات المكونة لشعاع الضوء المتقلب بين الجزئ والموجة ، يستطيع الجزئ الإنتشار خلف الحائط الأول كما لو أنه موجة وبالتالي مرور جزيئات الضوء عبر شقي الحائط الثاني. وتُفسر الحزم الضوئية بالحائط الثالث على تزاوج موجتي الضوء المارين بالحائط الثاني فحين تتماثل الموجتان علواً وهبوطاً تتعاظم الموجة وتظهر الحزمة الضوئية منيرةً وحين تتعارض الموجتان وتلغي أحدهما الأخرى تنكسر الموجة ويظل الحائط معتماً فتظهر الحزمة المعتمة. ومما سبق يُستدل على صحة نظرية الإزدواجية وأن بإمكان الجسيمات المتناهية في الصغر التواجد بأكثر من مكان بنفس الوقت وهذا هو سر قوة وصحة معدلات وحسابات فيزياء الكمّ في وضع الوصف الدقيق والنتائج شبه المرتقبة لحركة

الجسيمات الفائقة الصغر. ويتسأل دكتور ست لويد بروفيسور هندسة الكمّ بمعهد ماساشوسيتس للتكنولوجيا أنه إذا كان بالإمكان تواجد الأشياء بمكانين في نفس الوقت فلم لا نرى الأحجار والأناس والكواكب بأكثر من مكان وفي نفس الوقت؟ ويرد بأنه كلما كبر حجم الجسم كلما خضع لنظريات الفيزياء الكلاسيكية أكثر من خضوعه لنظريات فيزياء الكمّ (Lloyd, 2005). ولا يكمن السر بحجم الجسم المراد دراسته ولكن بمدى إمكانية الكشف عنه. فكلما كبر حجم الجسم كلما زادت التداخلات بينه وبين الوسط المحيط وبالتالي سهولة إقتفاء أثره. وفي تجربة الإنشطار المزدوج تمر الفوتونات من شقوق الحائطين الأول والثاني دون تداخلها مع أي شئ آخر وبدون الكشف عنها أثناء مسارها. وتتأرجح الذرة بين مستويات طاقة متعددة تبعاً للحرارة المكتسبة أو المفقودة. وإذا حددنا مستويات الطاقة بالذرة المعنية بإثنين فقط ، على سبيل المثال والتبسيط ، نستطيع التعبير بشفرة "0" وتدل على مستوى الطاقة الأدنى وشفرة "1" وتدل على مستوى الطاقة الأعلى للذرة وجدير بالذكر أن مثل هذه الشفرة وتسمى الشفرة العددية الثنائية أو binary digit وتُختصر إلى كلمة بت bit تساعد على تخزين وإسترجاع البيانات بإسلوب منظم وثابت ففي عالم الكمبيوتر يُمثّل كل حرف من حروف الأبجدية من خلال شفرة تقوم على مجموعة من 8 وحدات ثنائية المستوى فمثلا إتفق صانعي الكمبيوتر على أن المجموعة 1111 0001 تُمثل الرقم "1". وأن المجموعة 1110 0010 تُمثل الحرف "S". وعند فجر صناعة تكنولوجيا المعلومات إتفق مُصنعي الكمبيوتر على جداول شفرة لتنظيم عملية تخزين وإسترجاع وتبادل البيانات بين وحدات الكمبيوتر المختلفة الصنع فيوجد جدول شفرة التبادل الثنائية العددية الممتدة أو Extended Binary Coded Decimal Interchange Code (EBCDIC) وتقوم على تمثيل كل حرف من حروف الأبجدية من خلال مجموعة من 8 بت وتُستخدم في أغلب أجهزة وبرمجيات شركة أي بي إم IBM. ولكن لا تأتي الرياح بما تشتهي السفن فهناك جدول شفرة آخر وضعه مصنعو كمبيوتر آخرون وهو جدول الشفرة القياسية الأمريكية الممتدة لتبادل المعلومات أو Extended American Standard Code for Information

Interchange (Extended ASCII) فإذا ما حاولنا تفسير مجموعة من 8 بت مثل 0101 1011 نجد أنها تعني علامة التعجب "!" إذا ما إستخدمنا الشفرة السابقة وأنها تعني حرف "Z" إذا ما إستخدمنا الشفرة اللاحقة ، وعلى هذا نستطيع التأكد أن وجود البيانات داخل وحدات التخزين وحده غير كاف لفهمها بل يجب الإستعانة بجدول الشفرة أو المفتاح الذي يفك الشفره إلى النص أو النسق الذي نستطيع تمييزه والتعامل معه. وإذا كانت وحدات بناء دوائر الكمبيوتر مثل الترانزستور محدودة بثنائية التخزين أي "0" و"1" أو "عالي" و"منخفض" فهل تحل الذرة هذا القصور وتطرح آفاق رائعة لإمكانية تخزين أعلى ترتبط بعدد مستويات الطاقة التي قد تتواجد فيها الذرة فعلى سبيل المثال لن نحتاج إلى مجموعة من 8 وحدات ثنائية المستوى للتعبير عن أي حرف بل يكفي مجموعة من 4 ذرات إذا كانت كل منهم تتخذ أي من أربع مستويات للطاقة أو ذرة واحدة إذا كانت تستطيع إتخاذ أي من 256 مستوى للطاقة لتشفير وتمثيل عدد حروف مماثل. وقد إستطاع ست لويد في عام 1993 إكتشاف إسلوب لبناء أول كمبيوتر كميّ وكما ذكرنا من قبل فنظريات فيزياء الكمّ تُمكّن من تتبع علاقة المادة والطاقة في الحالة الأساسية. فعلى المستوي الأدني تشرح فيزياء الكمّ سلوك الجزيئات والذرات والمواد المتناهية في الصغر وعلى المستوى المتوسط تشرح فيزياء الكمّ طبيعة المواد الحية وعلى المستوى الأكبر تشرح سلوك النجوم والمجرات فما زال الكون هو الأكبر في الدراسة وما زالت مستويات طاقة الذرة أو البت هي الأصغر. ولكن إذا ما كانت التغيُّرات الناجمة بالكون ، والتي تترك آثارها من خلال تغيير مستويات الطاقة بالذرات المكونة له ، تتبع نظريات فيزياء الكمّ ، فالأجدر في هذه الحالة تغيير إسم تلك المستويات من مصطلح بت bit إلى مصطلح كيوبت quantum bit وعلى هذا إقترح ست لويد إطلاق إسم الكمبيوتر الكمي على الكون نظراً لتحديثه الدائم للبيانات الكامنة به والتي تمثلها مستويات الطاقة دائمة التغيير فعند اللحظة التي تلت بداية الكون بدأت العمليات البياناتية فقبل بدء تكوين الذرات كانت البيانات أو الكيوبت مُشفّرة من خلال سرعة وموقع وجود وحدات بناء الذرة كالبروتون والإلكترون وكان الكون بصفة عامة يحوي القليل من تلك البيانات والتي كان

أغلبها بسيط وشبه متماثل نظراً لإستحالة الجزم بالمحددات مثل السرعة والموقع وكثافة الطاقة. ومع مرور الزمن وبفعل قوة الجاذبية تجمعت المواد بكثافة أكبر حيث المناطق العالية الكثافة وبالتالي التسبب بإزدياد مستويات الطاقة في المواقع الكثيفة على حساب تدنيها بالمواقع الأخرى من الكون. ويعلق ست لويد بأن فيزياء الكمّ تفسر الطاقة بأنها حقل كمّي نسيجه يتكون من تجمعات العناصر الأولية مثل البروتون والإلكترون والكوارك وأن الطاقة التي نراها حولنا من كواكب ونجوم وضوء وحرارة مستمدة من التوسع المستمر للكون فحيث يتمدد الكون تمتص الجاذبية الطاقة من الحقل الكمّي. وعلى هذا فالطاقة الكامنة بالحقل الكمّي هي طاقة موجبة وتعادل الطاقة السالبة الناشئة عن الجاذبية. ومع إكتساب الذرة للمزيد من الطاقة تتزايد سرعة التحرك بين المستويات المختلفة مما يعني المزيد من البيانات. ويبدو أن الطاقة والمعلومات هما وجهان لعملة واحدة بالكون الفسيح فحين تُجبر الطاقة الأجسام على الفعل ، تدلها المعلومات على ما يجب فعله. ولا تشع الذرات الضوء فحسب بل وتقتنصه أيضا فالذرة قد تنتقل من مستوى طاقة إلى آخر أقل عن طريق فقدانها لفوتون والعكس صحيح فإنها تنتقل إلى مستوى طاقة أعلى بواسطة إقتناصها فوتوناً. فإذا أخذت ذرة في حالة متدنية من الطاقة وغمرتها بكم من الفوتونات عن طريق شعاع من الليزر أو مجال من المغناطيس نجد الذرة على إستعداد لإقتناص الفوتون الذي يحمل الطاقة التي تمكنها من الإنتقال إلى مستوى الطاقة الأعلى. ولكن إذا ما كان كلٌ من الفوتونات يحمل طاقة أقل من الطاقة اللازمة للإنتقال للمستوى الأعلى تظل الذرة في نفس مستوى الطاقة دون إقتناصها أي من الفوتونات. وإذا ما تذكرنا أولى محاولات بناء وحدات تخزين البيانات الفائقة السرعة نجد أنها كانت تعتمد على حلقات من الحديد المطاوع الذي يكتسب الخواص المغناطيسية إذا مر من خلاله سلكان بهما تياراً كهربياً وينتقل من حالة عدم المغناطيسية أو "0" إلى حالة المغناطيسية أو "1". وكان من الواجب وبعد إستقراء البيانات وفقدان الحلقة مغناطيسيتها ، من جراء عملية الإستقراء، إعادة شحنها من جديد. فهل يتحتم إجراء المثل بعد قراءة مستوى الطاقة لذرة ما؟ أم أن خاصية الإزدواجية تمكن الجزيئات الفوتونية من التواجد بعدة

أماكن بنفس اللحظة وبالتالي تتبع أثارها دون الكشف عنها أو الحاجة لإعادة بثها للذرة؟ ويظل السؤال عن كيفية تحديد المفتاح الذي يترجم هذا السيل من البيانات إلى معلومات لها معنى كنص كتابي أو مقطع موسيقي أو صورة فيلمية وهكذا. كما يظل الجسر أو القناة التي تصل مصدر أي من المعلومات بالغدة الصنوبرية أو العين الثالثة محل الدراسة.

وكما هو متعارف عليه فالجهاز الهضمي يقوم بإفراز الإنزيمات اللازمة للقيام بعملية هضم المأكولات والمشروبات الحاملة في أغلبها لذرات الكربون وتحويل السكر إلى جلوكوز حتى تستطيع العضلات تحويله إلى طاقة للحرارة أو العمل. وحتي في حال سكون العضلة يظل القدر اليسير من تحويل الجلوكوز إلى طاقة والوجود على أهبة الإستعداد للحركة. وعلى هذا نتوقع وجود عدد لا بأس به من الذرات بالجسم البشري في حالة دورة مستمرة بين مستويات الطاقة علواً وإنخفاضاً وبالتالي إكتساب أو فقدان للفوتونات والتي تكون اللبنة الأساسية للطاقة أو الهالة المغناطيسية التي تغلف الجسم. وحيث أن الجسم البشري يقبع داخل غلاف من الطاقة المتابينة أو سيل من المعلومات عند فك شفرتها ، فلا بد وحدوث إتصال بين الجسم البشري وبين الكون المحيط. ويبدو أن المجال المغناطيسي للجسم البشري يؤدي وظيفة مماثلة للمجال المغناطيسي لكوكب الأرض من حيث الحماية من الأشعة الكونية الضارة ففي وضح النهار يعمل ميتابوليزم الجسم على حرق الكثير من الطاقة وبالتالي توليد المزيد من الفوتونات لحماية الجسم من الطاقة الإشعاعية الآتية من السماء وعلى العكس لا يحتاج الجسم حرق المزيد من الطاقة بعد غروب الشمس وبالتالي يتوفر المزيد من الفوتونات لتبادل البيانات والمعلومات مع الفضاء الكمّي فلا عجب من أن الليل هو أفضل الأوقات للتأمل والتهدج.

وكما ألمحت سابقاً فإن الغدة الصنوبرية تقوم بعمل البوابة التي تمر عبرها البيانات ولكن يظل السؤال عن كيفية تفسير تلك البيانات وترجمتها إلى معلومات قائماً. إن لغة الترميز الموسعة أو Extensible Markup Language (XML) هي أسلوب إتفق عليه مصنعي تكنولوجيا المعلومات لتبادل البيانات وتوضيح مدلولاتها في آن واحد والمبدأ بسيط: فمدلول بيان ما أو وصفه يتم تخزينه أيضا مثل "تاريخ" أو "عنوان" أو "وزن" جنباً إلى

جنب مع البيان المراد التعامل معه كما يتم توصيف نوع الشفرة المستخدمة في ترجمة مجموعات البت إلى بيانات يسهل التعامل معها. وقد تم وضع قواعد بناء مدلولات البيانات بحيث لا يُترك مجال للخطأ في تفسير معنى بيانٍ ما عند الإسترجاع أو النقل ، فهل هذا يعني أن الكون من حولنا يحوي الطاقة أو البيانات ومدلول تفسيرها في نفس الوقت؟ وكيف يتأتي مفتاح الشفرة لفهم البيانات الواردة؟ وهل الإحلام هي نتاج تنزيل بيانات البعض منها يحمل المفتاح السليم فيصل الإنسان لرؤية صحيحة بينما البعض الآخر لا يحمل المفتاح السليم فيحصل الإنسان على أضغاث الأحلام؟ أم أن الأحلام هي معايشة حقيقية للمخ البشري نتيجة عبور مكوناته المتناهية في الصغر إلى أكوان موازية؟ وإذا كان للمخ البشري القدرة على تبادل وتنزيل المعلومات فهل تختلف هذه القدرة من إنسان لآخر ومن حقبة لآخرى؟ وفي ندرة السجلات التاريخية والجيولوجية ، هل تستطيع الأبحاث الجينية رسم مسار تطور العقل البشري خلال الهجرة المستمرة لتعمير الأرض على مدى 70,000 عاماً؟

المشروع الجينوغرافي هو مشروع مشترك بين شركتي ناشيونال جيوجرافيك وأي بي إم بدء في عام 2005 ومدته خمس سنوات ويهدف الوصول إلى معرفة مسار هجرة البشر بأجناسهم المتباينة على مدى العصور لتعمير كوكب الأرض بإستخدام تحليلات معملية وكمبيوترية متقدمة للحمض النووي لعدة مئات الآلاف من البشر من شتى بقاع الأرض. ويعمد ذلك البحث الميداني بقيادة الدكتور سبنسر ولز من ناشيونال جيوجرافيك وباحثين مرموقين من شركة أي بي إم إلى تغطية الفجوات القائمة في قصص الهجرات البشرية عن طريق الإستعانة بتكنولوجيا المعلومات المتقدمة لتحليل الحمض النووي بعينات الدم التي تم أخذها ورسم نمط يربط الجذور الجينية المختلفة للبشر. على أنه وللحصول على نتيجة أدق قام الباحثون بإختيار المجتمعات المغلقة والتجمعات العرقية النادرة التزاوج من الخارج لأخذ عينات الدم اللازمة لعمل التحاليل وإستخلاص النتائج وهنا أظهرت باكورة النتائج أن الإنسان الأول قد نمى بدايةً بأفريقيا. ولكن كيف إذاً إنتشر البشر على سطح الأرض وما

هي الدلالات ؟ وكيف أن البشر يختلفون في العادات والثقافات وأيضا في الجينات والشكل والملامح إذا كانوا يشتركون بنفس الأصل؟
نحن نعلم أن الجسم البشري يتألف من 50 إلى 100 تريليون خلية حية كل منها تمثل شكل أولي من أشكال الحياة وينتج عن تجمعها الإنسجة والأعضاء بشتى أنواعها. ويحتوي الجين أو الوحدة الوراثية بداخل كل خلية على مخطط إنتاج البروتين اللازم لعمل الخلية. ويطلق لفظ الحمض النووي أو DNA على التكوين الحلزوني الحافظ للمعلومات الجينية للكائن الحي التي تُتوارث ومنها البنية الجسمانية على سبيل المثال. ويطلق لفظ الجينوم على منظومة الجينات بأكملها والتي قد تتراوح ما بين 30,000 و 40,000 في الإنسان. وتتآلف مجموعات الجينوم لتكون الكروموزوم ويحمل الإنسان إثنان وعشرين زوجاً مزدوجاً من تلك الكروموزومات المورّثة وزوج مفرد من الكروموزات الداله على النوع فهو XX في حال الأنثى وXY في حال الذكر. وكل زوج مزدوج من الكروموزومات يحمل في طياته زوج مورّث من الأب والآخر من الأم. وبالتالي ففي زوج النوع يدل الكرموزوم Y على خط الوراثة من ناحية الأب ولكن في بعض الإستثناءات تتغيّر تركيبة الحمض النووي عشوائياً وبالتالي الكروموزوم Y ويطلق لفظ "العلامة" عند تلك الإستثناءات. وعن طريق تتبع تلك العلامات في عينات الدم للمجتمعات المغلقة تمكن العلماء من الوصول إلى تسلسل العلامات وبالتالى إقتفاء أثار الهجرة البشرية مكاناً وزماناً. ولا يوجد من يستطيع أن يجزم بتوقيت ظهور الإنسان الحديث على كوكب الأرض. ففي الفترة ما بين عامي 1967 و1974 عثر عالم السلالات القديمة ريتشارد ليكي على جمجمتين وبعض العظام البشرية بأفريقيا يعود تاريخها إلى 195,000 عاماً خلت. كما تم العثور في كهف بنهر الكلاسيس بساحل جنوب أفريقيا على بقايا أدوات كان البشر خلال الفترة ما بين 60,000 و130,000 عاماً مضى قد طوروها ووُجد أن البعض منها لا ينتمي لمواد محلية مما يعني نشأة تجارة وتبادل سلعي في تلك الحقبة من العصر الحجري المتوسط. وفي نفس الفترة من الزمان أثبتت الإكتشافات الجيولوجبة ثورة بركانية ببحيرة طوبا في جزيرة سومطرة وتُعد الأعظم خلال مليوني عام حيث قُدرت ب 3,000 ضعف الثورة البركانية التي حلت بجبل سانت هيلين

في عام 1980. ففي الفترة التي لاحقت العام 73,000 قبل الميلاد يُظن أن درجة الحرارة على كوكب الأرض قد إنخفضت إنخفاضاً ملموساً من جراء بركان عنيف ودخلت الأرض في مناخ شتاء بركاني ويظن بعض علماء السلالات القديمة أن المناخ القارص والقحط المصاحب له قد أودى بحياة العديد من أشباه الإنسان كإنسان جاوه ونياندرثال. وليس من المستبعد أن تكون مثل الإضطرابات الأرضية نتاجاً لتداخلات أجرام سماوية وبدورية ثابتة ولكن بدرجات متفاوته من الشدة ، كما سنسترسل لاحقاً في الفصل الثاني والثالث من هذا الكتاب.

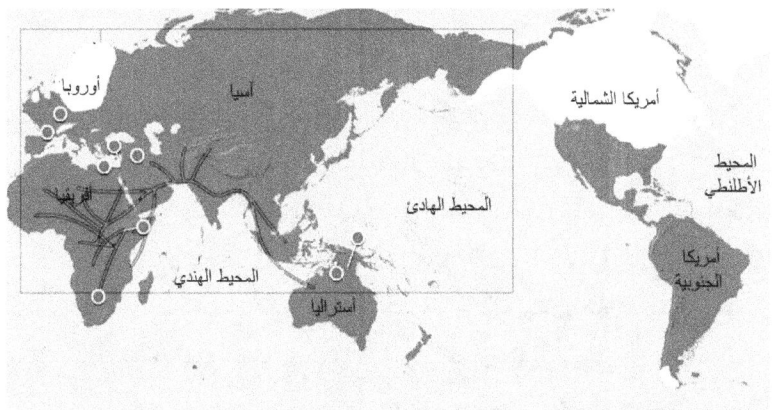

الشكل 4- إنخفاض مستوى سطح البحار أثناء العصور الجليدية

ومن المعروف أن المجموعات الإثنية المغلقة من البشر تكون أكثر عرضة للإختلاف الجيني بسبب تعطل الانتقاء الطبيعي. وإشارة إلى الموقع الإلكتروني لناشيونال جيوجرافيك[1] فإنه من المحتمل أن يكون بركان طوبا قد دفع ببدء الإنحراف والتنوع الجيني من خلال مجموعة صغيرة من البشر لنصل إلى الحال القائم بالإنسان المعاصر ، فأدم عليه السلام هو الأب الأول لكل إنسان معاصر وقد قدرت ناشيونال جيوجرافيك أن أدم (وتعني بلغتنا العربية أسمر البشرة) عليه السلام قد عاش بأفريقيا ما قبل 60,000 عاماً مضى وأنه لم يكن الإنسان الوحيد آنذاك ولكنه كان مُميزاً عن الأخرين لأن سلالته من

[1] http://www.nationalgeographic.com/genographic

بعده هي وحدها التي إستمرت وسادت الأرض حتى يومنا هذا. وقد يؤكد هذا الزعم أنه توجد العديد من النصوص بالكتب السماوية حيث يتم الإشارة إلى "بني أدم" تمييزا عن نصوص أخرى تشير إلى "الإنسان". ومن شكل 4 يتضح إنخفاض مستوى البحار والمحيطات مما سهل عملية إنتقال البشر من أفريقيا لأسيا والأمريكيتين بل والمسير حتى أستراليا مروراً بماليزيا وأندونيسيا. و يجوز أن يكون إنخفاض مياه البحار والمحيطات في المنطقة الواقعة بين مداري الجدي والسرطان نتيجة بطء حركة دوران الأرض حول محورها في الأزمنة الغابرة ، فالمعروف إنبعاج القشرة الأرضية ومياه المحيطات في المنطقة الأستوائية بسبب فارق السرعة بين المواد الكائنة بخط الإستواء أو 1,666 كم/ساعة (1,000 ميل/ساعة) وتلك بالأقطاب الجغرافية أي عند محور الدوران (0 كم/ساعة) فالمواد الكائنة بخط الإستواء تسعى للطيران في الفضاء بسبب عظيم سرعتها ولكنها لا تستطيع بسبب كبح الجاذبية الأرضية لها فينشأ الإنبعاج ويبدأ تدريجياً من مركز محور الدوران ويبلغ أقصاه عند مدار خط الإستواء. وقد إكتشف فريق العمل برئاسة دكتور ولز أن قبيلة البوشمن بكينيا تحمل أقدم بصمة جينية DNA وتُبدي علاقة مباشرة لأدم عليه السلام. وكانت وسيلتهم البدائية في الإتصال تعتمد على أصوات النقر والقرقعة كما نفعل لتوجيه مسار الخيل أو تقليد صوت إصطدام قطرات المياه بسطح راكد. ولكن حوالي 60,000 عاماً مضت تولدت عند بني أدم العظمة اللامية hyoid bone والتي تشبه حدوة الحصان وتساعد على المخاطبة. على أننا ما نزال نحمل حتي هذه اللحظة العديد من الكلمات الأولية مهما تباعدت بنا الأقطار فعلى سبيل المثال يستخدم "الإنويت" المنحدرين من الأصول العرقية لقاطني شمال كندا لفظي "شي" و"حا" لتوجيه الكلاب التي تجر الزلاقات الجليدية يميناً ويساراً مثلما يلفظ الفلاحون بالقرى المصرية عند توجيهم الحمير يميناً ويساراً . وبمعنى آخر "فالأصل إفريقي للبشر أجمعين" كما قال ستيفن بينكر أستاذ علم النفس بمعهد ماساشوسيتس للتكنولوجيا[2] حين ذكر أن جميع الأطفال من شتى أنحاء العالم عندهم القابلية

[2] http://www.scribd.com/doc/6883119/Steven-Pinker-2001-Evolution-of-the-Mind.

الأساسية لتعلم اللغات وكيفية العد وصنع وإستخدام الأدوات مما يعني أن البشر كانوا قد بلغوا معدلات الذكاء الحالية قبل خروجهم من أفريقيا وإنتشارهم بقارات العالم المختلفة. وفيما يبدو ، أنه حيث كان مستوى مياه البحار منخفضاً ، إستغرق الإنسان حوالي 10,000 سنة للوصول إلى أستراليا خروجاً من أفريقيا. وعلق دكتور ولز أنه ما بين 50,000 إلى 70,000 عاماً قام الإنسان الأول بنحت العديد من الرسوم بعضها يشير إلى مطاردة الحيوانات وصيدها والبعض الآخر إلى إحتفاليات وثنية في منطقة أرنهم بشمال أستراليا ويبدو أن القدرة على التخاطب قد يسرت إثراء الفن والإستفادة الأفضل من الموارد الغذائية والتواصل الإجتماعي. ويبدو أن هذه الملكات هي التي ساعدت الإنسان على البقاء والهجرة والإنتشار حيث النماء على حين قضت الفصائل الآخرى من أشباه الإنسان والإنسان والذين إفتقروا لتلك الملكات والمهارات نحبها. ففي حقبة سابقة من تغيُّر المناخ قبل 50,000 عاماً كان العصر الجليدي على ظهر كوكب الأرض يعني قحطاً ولا يعني برداً في وسط أفريقيا وأضطر الإنسان حينها الإتجاه شمالاً حيث أضحت الصحراء الأفريقية غابات غنية ولكنه وبتغيُّر آخر في المناخ تصحرت شمال أفريقيا مرة أخرى وما عاد بإمكان الإنسان الإرتداد لوسط أفريقيا ويبدو أن مثل تلك الدورة في تكرار مستمر منذ ملايين السنين فكما نعلم إنتشرت الغابات الغنية بشمال أفريقيا وشبه الجزيرة في عصور جيولوجية مختلفة لتفني بعد حين متحولةً بفعل الحرارة والضغط إلى مكونات كربوهيدراتية مثل البترول والغاز الطبيعي.

ولا يوجد دليل يؤكد مسار الإنسان وصولاً إلى شبه الجزيرة العربية فقد يكون المسار بحذاء الساحل الغربي للبحر الأحمر وصولاً إلى شبة جزيرة سيناء ومن بعدها شبه الجزيرة العربية أو أن يكون عبر باب المندب على مدخل البحر الأحمر الجنوبي حين كان مستوى مياه البحر منخفضاً ، وأياً كان مسار النزوح فقد قُطع لاحقاً حين تصحرت المنطقة الواقعة شمال وسط أفريقيا وإرتفعت مياه البحر فقد ثبت جفاف الصحراء الأفريقية التام فيما بين 20,000 و 40,000 عاماً مضت وخلال تلك الفترة كانت السهول

الأسيوأوروبية والإيرانية في ثراء غير منقطع من الخضار والثروة الحيوانية فيما بين خليج العقبة على البحر الأحمر ومنغوليا بوسط أسيا.

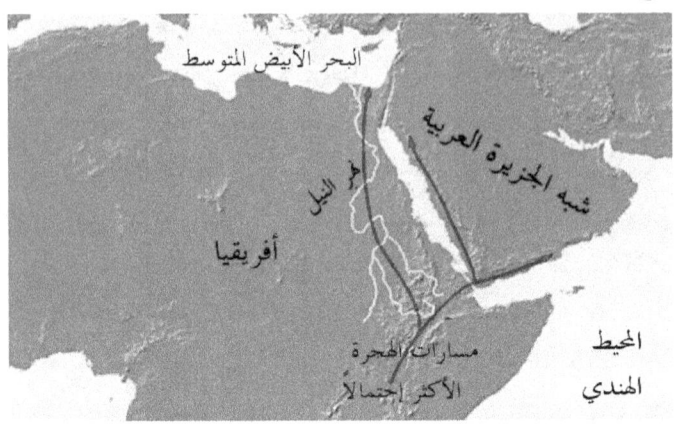

الشكل 5- عدة مسارات نزوحاً من أفريقيا

ومن جراء ذلك ظهرت فئة صيادي حقبة العصر الحجري الحديث حيث إتخذوا من وسط آسيا مركزاً لهم. ولهم الفضل في إنتشار الجنس البشري بشتى بقاع الأرض فالبعض ذهب إلى شمال الهند والآخر للصين واليابان والبعض الآخر عبر مضيق بيرنج سيراً على الأقدام عبر الاسكا وصولاً للأمريكتين. على أن أول باكورة نازحين منهم وصلت القارة الأوروبية لاحقاً بفترة تُقدر بحوالي 10,000 سنة. وحيث أن القارة الأوروبية كانت تنزح تحت وطأة الجليد وكانت السماء دائمة التلبد بالغيوم منذ ما يقرب من 30,000 سنة، فقد إختار الإنسان الإحتماء بالكهوف الجبلية والساحلية معظم الوقت. ولنا أن نعلم أن الجسم يفرز صبغة الميلانين للحماية من الأشعة الفوق بنفسيجية القادمة من السماء وتنتشر تلك المادة تحت الجلد وبقزحية العين وتعمل على تحويل تلك الأشعة إلى طاقة حرارية غير ضارة للجسم. وقد كان أن تمتع الإنسان الأول العصري بأفريقيا بإفراز تلك الصبغة بكثرة مما أدى لإسمرار البشرة وقزحية العين كما هو حادث اليوم بالمجتمعات الأفريقية الإثنية المعاصرة. ومع إستقرار الهجرات البشرية بقارتي آسيا وأوروبا لآلاف السنين وقلة التعرض للأشعة الفوق البنفسجية ، قلّ إفراز صبغة الميلانين وبالتالي شحوب البشرة وتحول لون القزحية للّون الفاتح. وهناك ظاهرة "إنتشار

رايلي" وتُعني بتشتت الضوء عند مروره بالأجسام الصلبة والسوائل و الغازات وتشرح تلوّن السماء باللون الأزرق فأشعة الضوء تستثير الشحنات الكهربية القابعة بذرات الهواء العالقة وتجعلها تتشكل في تناغم واحد مصدرة لإشعة واهنة في جميع الإتجهات ما يتسبب ببعثرة وإنتشار ضوء الشمس في جميع الإتجاهات وبالتالي ظهور اللون الأزرق تماماً مثلما يتشكل لون عين الإنسان فصبغة الميلانين تتراوح من الأسود إلى البني ولا توجد صبغة زرقاء أو خضراء بالعين ولكن كثافة إفراز الميلانين هي المؤثرة ففي حالة ضعف إفراز الميلانين يظهر اللون الأزرق طبقاً لظاهرة "إنتشار رايلي" ويتدرج اللون إلى الأخضر فالرمادي فالعسلي فالبني الفاتح وهكذا كلما زادت كثافة الميلانين بالقزحية. وهناك على سبيل المثال أيضاً باطن قدم الأفارقة ذوي البشرة السمراء والذي بسبب عدم تعرضه لأشعة الشمس ، إلا أحياناً ، يشحب لونه ويبدو أبيض اللون. ويبدو أن اللون الأصلي للبشرة الإنسانية هو اللون الشاحب الأبيض والدليل على ذلك هو تماثل لون باطن القدم لدى أجناس البشر قاطبةً. على أنه وتتبعاً لمسيرة الإنسان على سطح الأرض تغيُّر لون البشرة والعين والشعر تبعاً للبيئة المحيطة وعلى مدار أجيال. وتعترينا الدهشة من قدرة العقل البشري على تحقيق قفزات عملاقة في أزمنة مختلفة فالتحول من التخاطب بواسطة لغة القرقعة إلى التخاطب بواسطة الصوت بل والتخاطب بعدة لغات منتظمة بقواعد محددة ومفردات غنية والتحول من سكنى الأرض لسكنى البحار والمحيطات بل والفضاء يدفعنا للتساؤل عن ما هو قادم وعما إذا كان تطور المخ البشري تطوراً تدريجياً أو ثورةً فجائيةً أو مزيجاً بين الإثنين معاً. ويظل السؤال معلق بين من يؤكدون بأهمية تقنين قوانين الطبيعة في معادلات رياضية ومن يرى أن الأهم هو تواصل العقل البشري مع مصدر المعرفة الكامن في الكون من حولنا؟ وهنا نتعجب أياً من المنهجين سيمنحنا المعرفة الشاملة؟

النظرية الشمولية هو مصطلح أطلقه ستيفن هوكنج (Hawking, 1991) منذ حوالي العقدين من الزمان The Theory of Everything حين علق قائلاً أن الطموح الأعلى يكمن في العثور على شرح كامل للكون من حولنا

، وكان يعتقد أنه بنهاية القرن العشرين سوف يتمكن الإنسان من العثور على المعادلة أو النظرية الشمولية مما يترك علماء الفيزياء مثله بدون عمل. ففي خلال القرون الأخيرة من الألفية السابقة إستطاع العلماء تفسير الظواهر الكيميائية والفيزيائية بل والأحيائية من خلال معادلات رياضية مبنيه على المشاهدة و التجربة. مثل تلك المعادلات أو العلاقات مكنت المهندسين على سبيل المثال من توقع النتائج قبل إستكمال مشروع ما ، أو التعهد بمواصفات بناية ما قبل بنائها أو متوسط أداء خط أنابيب قبل مده و هكذا. وبمرور السنين أضحى العديد من المعادلات زائداً عن الحاجة فقد تمكن العلماء من إيجاد معادلات أكثر شمولية وأقل عدداً وتصف ظواهر أكثر عدداً عن ذي قبل. وعلق ستيفن هوكنج في كتابه أن الزمن قد حان لإيجاد أم المعادلات والتي تستطيع وصف الظواهر شتى ومهما بلغت من التعقيد وأنها ستكون من البساطة بحيث نتعجب كيف لم نستطع التوصل إليها سابقاً. وهنا أتساءل إن كانت الإجابة تكمن بداخل عمليات الرؤى للعقل البشري؟ فالرسل والأنبياء تمكنوا من نقل كلمات الله سبحانه للبشر من خلال هبوط الوحي. كما تمكن العديد من العلماء من وضع معادلات غاية في التعقيد والتوصل إلى إختراعات مميزة وهم في حالة إنعزال ذهني تام عما يجرى من حولهم ، كما أن العديد من البشر يتمكن من حين لآخر الوصول إلى إبتكارات وليس إختراعات جديدة ، فقط بتوليف المكونات القائمة بإسلوب سبّاق وجديد. ونلحظ أن عامل السن أو المهارة أو الخبرة لا يمثل أي فرق فالموسيقار والمؤلف الموسيقي المشهور فولفجانج أماديوس موتسارت لم يكن ذي خبرة أو تجارب على مدى سنين عمره تمكنه من تأليف وعزف أول عمل موسيقي له وهو في سن الخامسة! وهناك إعتقاد سائد بأن الإنسان لا يستغل أكثر من 10% من مخه (Radford, 2007) وأن كان البعض يعتقد أنه بإتباع منهاج معين يتمكن الإنسان من إستغلال بعض من المساحة المجهول عملها من المخ والوصول إلى درجات أعلى في الذكاء. فالتدريب المستمر على سبيل المثال يسهم في إزدياد قدرات الإنسان والمساهمة في شحذ الذكاء وبالتالي فلا يوجد دليل جازم بأن الإنسان لا يستغل أكثر من 10% من مخه. وعلى الرغم من الغموض الذي يلف الوظيفة

الشاملة للمخ البشري فإن العلماء لا يختلفون على وظيفة كل جزء من أجزاء المخ البشري فالغدة الصنوبرية تعمل كعينٍ ثالثة أو البوابة التي تعبر من خلالها المعلومات والبيانات المسجلة في الكون من حولنا إستعانةً بالفوتونات والتي كما سبق الشرح تتمتع بخاصتي المادة والموجة وعلى هذا تخضع لقوانين فيزياء الكمّ من حيث التواجد بأكثر من محل في آن واحد. ولنا أن نتسأل إن كان إتجاه إنتقال البيانات والمعلومات، من فسيح الكون للمخ البشري ، أُحادي أم إزدواجي الإتجاه؟ ومن البديهي أن إزدواجية تبادل البيانات والمعلومات بين المخ والكون من حوله هي الأقرب من حيث الكفاءة فكم من مرة وأثناء النقاش وزملاء العمل أو الصحبة من الأصدقاء يتفوه البعض بنفس العبارة أو الكلمة التي تكون على طرف لسان البعض الآخر والذي يعبر حينها قائلاً "كانت على طرف اللسان" ! ونعلق عادة بأن البعض عنده حاسة سادسة تمكنه من قراءة ما يدور بأذهان الآخرين وعلى هذا نصل إلى إستخلاص مفاده أن الوظيفه الأكبر للمخ تكمن في عملة كوسيلة إتصال وليس وسيلة تحليل وتدبر فحسب. فيقوم أولاً بإختيار محل البيانات المراد قراءتها وثانيا بتفهم جدول الشفرة أو المفتاح الذي يترجم البيانات إلى النص أو النسق الذي نستطيع تميزه والتعامل معه وثالثاً القيام بعملية القراءة والإنزال عبر الغدة الصنوبرية. على أنه وإذا تم الإستعانة بجدول الشفرة السليم يتمكن المخ من الاختراع والإبتكار ورؤية أحداث من أزمنة مختلفة. فتتطالعنا معظم الكتب السماوية بأن الصحف جفت والأقلام رُفعت. فتعمل أعضاء الجسم البشري بأسلوب أكثر تقليدي عنه فيزيائي الكمّ ولكن على النقيض من العضو المرئي نجد أن "الروح" لا تُرى أو تُقاس أو تُلمس فهل يعني هذا أن "الروح" تعمل بأسلوب فيزياء الكمّ وبالتالي تتمتع بخاصية الإزدواجية كالفوتونات أو بمعنى آخر التواجد في عدة أماكن في آن واحد؟ هل يتسنى أن تُوجد النفس بذاك الجزء الغامض وظيفته من المخ وفي نفس الوقت تُوجد بمحل البيانات والمعلومات المراد قراءتها في فسيح الكون؟ وهنا تلعب الغدة الصنوبرية دور البوابة التي تمر من خلالها المعلومات لتصل إلى منطقة الإدراك بالمخ والتي نعلم وظيفتها من حيث تخزين وإسترجاع المعلومات وإدارة الحواس وإتخاذ القرارات. كما نجد تفسيراً مُحتملاً لعملية الرؤية عن بعد ونصل إلى

النظرية الشمولية ، فالسؤال لم يعد: "ما هو الأسلوب العلمي أو المعادلة الدالة على حل المعضلة القائمة؟" ولكن السؤال أصبح: "في أي محل من المكان والزمان يُوجد حل للمعضلة القائمة؟" وأي جدول شفرة يتحتم إستخدامه؟ فللعين المجردة تبدو المعلومات كمتوالية من عدة كيوبتات قد تمثل بيانات لقرائتها أو تعليمات برمجية لإتّباعها بواسطة جزء المخ المسؤول عن التقييم وإتخاذ القرار أي "النفس". وهنا نتسأل إذا كانت تلك التعليمات ينتُج عند تنفيذها بواسطة المخ إثارة للطاقة بالمجال الكمي من حولنا والذي يكون موجباً في معظم الأحيان؟ ولو صح ذلك فلسوف تتولد طاقة جاذبية سالبة للتعادل وبالتالي متواليات من الطاقة الموجبة والجاذبية السالبة إذا وُضعت بترتيب كما بالتعليمات المبرمجة تؤدي إلى الحركة عن بعد telekinesis أو العلاج الفوتوني للإصابات الفيروسية أو الميكروبية.

الإلهام والوحي هما حالات نمر بها نحن البشر ويفضل البعض كما أسردنا سابقاً إطلاق لفظ الحاسة السادسة عليها. وحيث أن تلك الحاسة غير ملموسة كالحواس الأخرى فقد يقضي البعض كل حياته دون إدراكه لها. ففي صيف عام 2008 ذهبت إلى مدينة إسِن بالمانيا وخلال جلسة حوار مع بعض الأصدقاء والمعارف من ولاية أرض البونت بشمال الصومال ، تناولنا العديد من الموضوعات وبالأخص التطوير الإقتصادي خروجاً من حالة الإضطرابات التي أُبتلي بها جنوب الصومال على مدى العقدين الفائتين. على أن النقاش تحول فجأة إلى منحى آخر مختلف كل الإختلاف فعندما ألمح الدبلوماسي الصومالي السيد سعيد فارِح عن منجم الملح المهجور منذ بدايات الحرب العالمية الثانية بقرية إيل بالجنوب حاول أن يدلل على لفظ إسم القرية "إيل" كما نلفظ المقطع الثاني من إسم إسماعيل أو ميكيائيل أو جبرائيل أو العديد من أسماء الملائكة والأنبياء التي ذكرت بالكتب المقدسة وهنا أشرت بالسبابة وبدون أي مقدمات إلى موقع بجوار قرية إيل همست قائلاً: "هنا كان الموقع الذي عاش فيه نبي الله نوح وفيه بنى الفُلك منذ آلاف السنين". وهنا إحتقن وجه الدبلوماسي الصومالي وبزغت عيناه من محجريهما وأصر بصوت حاد على معرفة السبب الذي دعاني لمثل هذا القول. ولا

أُخفيكم قولاً أن فرضية تغيُّر شدة المجال المغناطيسي وإختلاف موضع بؤرتي المجال المغناطيسي المفاجئ يكون له أشد الأثر على سرعة دوران الكرة الأرضية فإذا زادت السرعة ثلاثة أضعاف عن ذي قبل كما سأسهب لاحقاً في الفصل الثاني والثالث من هذا الكتاب تنحسر مياه المحيطات بشمال وجنوب الكرة الأرضية وتتراكم بين مداري الجدي والسرطان مما ينتج عنه موجة تسونامي عارمة تهاجم السواحل الوسطى للقارة الإفريقية. وكلما تغلغت الموجة إقترابا من الساحل الضحل كلما إزدادت إرتفاعاً وسرعةً حتى تصطدم إصطداماً مروعاً بالساحل الصومالي لتحمل الفُلك الذي كان قابعاً على اليابسة. ومع ذوبان الجليد نتيجة لتغير المناخ المرتبط بموقعي القطبين المغناطيسيين كما سنسهب لاحقاً تزداد مياه المحيط وبالتالي زيادة البخر بفضل الطاقة الإشعاعية الآتية من السماء وزيادة السحب المشبعة ببخار الماء ومن ثم الهطول المستمر للأمطار على مدى الأربعين يوماً كما ذُكر بالكتب السماوية. كل هذا دار بخلدي ولكني فشلت في تفسير وضع سبابتي على ذلك الموقع بالخريطة وسألت محدثي أن يفسر لم هذا الهلع الذى أصابه ودهشته من قولي ، فعلق قائلاً أنه في ذلك الموقع الذي أشرت إليه على الخريطة يوجد ممر متسع به أثار متحجرة لأرجل طيور وحيوانات مرت على رمال الممر منذ آلاف السنين وتكفل الرماد المنبعث من بركان نشط بالجوار في ذلك الحين بتغطية تلك الأثار برقاقة رمادية سرعان ما تصخرت وظلت على حالها لآلاف السنين. وتخبرنا الكتب السماوية عن مسيرة زوجين من كل صنف حيوان أو طير لإعتلاء فُلك نوح قبل الفيضان وأن زمن الحدث كما أشار التاريخيون في الأغلب 10,500 سنة مضت. ففي ذلك الزمن تدل التنقيبات الجيولوجية عن برودة المناخ بأوروبا وآسيا وبالتالي تتبقى قارة أفريقيا بمناخها المعتدل موطناً مثالياً لمعظم الحيوانات والطيور وعلى هذا يُعد منطقياً أن فُلك نوح قد بُني وأقلع من أفريقيا وليس من أوروبا أو أسيا كما يظُن الباحثون. على أن معظم الإكتشافات تدل على أن فُلك نوح قد إستقر بجبال أرارات بتركيا مما يدعونا للإعتقاد بلقاء مياهي البحر الأحمر والبحر الأبيض المتوسط عند إرتفاع مستوى مياه البحار مؤقتاً بعد ذوبان الجليد المفاجئ وليس من خلال قناة السويس ذات المائة والخمسين ربيعاً.

ويخبرنا التاريخ (Egypt, 2006) أنه تم وصل البحرين بين عامي 610 قبل الميلاد و 767 بعد الميلاد عن طريق قناة تصل البحر الأحمر بنهر النيل ومن ثم يصب نهر النيل تلقائيا بالبحر الأبيض وأُطلق على تلك القناة إسم سيزوستريس. وعودةً إلى فُلك نوح فقد يكون تأثير الإرتفاع المفاجئ لمياه البحر والإنسياب بإتجاه الشمال هو الموجه الملاحي الوحيد للفُلك وصولاً إلى جبال أرارات بأسيا الصغرى حيث إستقر أخيراً .

و لو تعمقنا في معظم الإكتشافات لوجدنا أن البداية تكمن في فرضيةٍ ما تحتل العقل ومن ثم يحاول المرء إثباتها بسبل مختلفة كبناء نموذج تحليلي أو فلسفي والإستفادة من النظريات القائمة والشواهد العملية. وحيث أني لا أمتلك الموارد اللازمة لبناء نموذج عمل كوكب الأرض لإثبات الفرضية التي طرأت على تفكيري فإني أطرح في الفصول اللاحقة وأربط بين عناصر مختلفة مثل المغناطيسية والكهربية والتاريخ والجيولوجيا وأحاول بإستخدام العديد من النظريات القائمة تحدي مفاهيم قائمة وإثبات إنحيازها عن الصواب وبناء نموذج لعمل كوكب الأرض وتفاعله مع المؤثرات الفضائية المحيطة. وأتوجه بالشكر للغدة الصنوبرية أو العين الثالثة للمساهمة في العديد مما توصلت إليه بالفصل الثاني والثالث من هذا الكتاب!

الأرض

تصاعد في الزلازل والبراكين. قام الباحثون سولومان وبلاتنر وكنوتّي وفريدلينجشتَين (Solomon, Plattner, Knutti, & Friedlingstein, 2009) بإعداد بحث تحت عنوان "تغيُّر مناخي بلا عودة بسبب زيادة إنبعاث ثاني أكسيد الكربون" وأعربوا عن أن التغيُّر المناخي الحالي لن ينحسر حتى بعد مرور 1,000 عام من توقف الإنبعاث الزائد لثاني أكسيد الكربون. ولكن كل هذا لا يبرر تضاعف أعداد الزلازل والهزات الأرضية والبراكين في خلال السنوات القليلة الماضية كما يوضح الشكل 6 ولا يحدد نوع العلاقة بين ضعف المجال المغناطيسي وتغيُّر المناخ وإزدياد معدلات الزلازل ؟

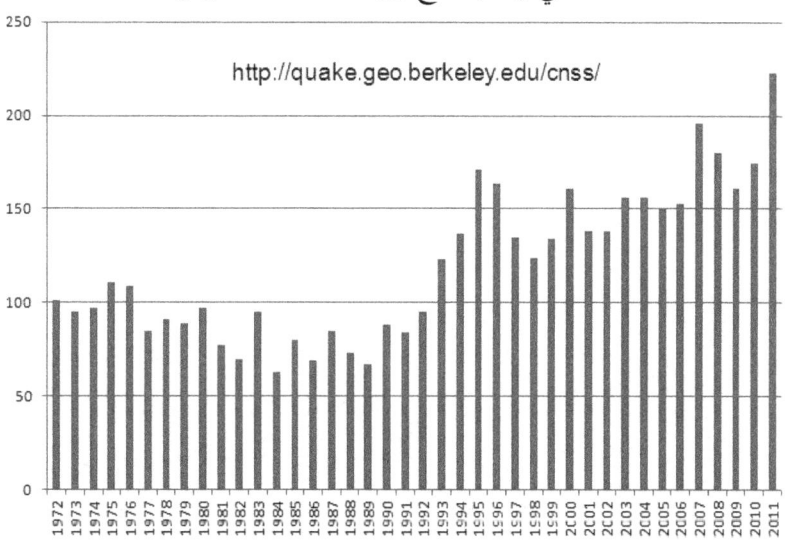

الشكل 6- عدد الهزات الأرضية فيما يزيد عن 6 بمقياس ريشتر منذ 1972

إنه من متابعة عدد الزلازل التي تتعدى 6 على مقياس ريشتر خلال السنوات الأربعين الماضية نجد أن هناك قفزة فجائية في عدد الزلازل فاقت الضعف سنوياً منذ تسعينيات القرن الماضي! وقد صرح بعض العلماء أن سبب إزدياد تلك الهزات الأرضية هو قرب إنقلاب القطبين المغناطيسيين من مقريهما بالشمال والجنوب الجغرافي للأرض وهنا يطرح السؤال نفسه : وما سبب

هجرة القطبين وإنقلابهما من مقريهما الحاليين ومتى يحدُث ذلك؟ وهل يتسبب ضعف المجال المغناطيسي في تغيُّر المناخ والزيادة المطردة في معدل الزلازل؟ البعض يدعي أن العديد من الكوارث الأرضية قد تم تجنبه والبعض الآخر يرى العكس وأن الكوارث الأرضية على وشك البدء. وإذا أخذنا في الإعتبار الشمال الغربي للولايات المتحدة الأمريكية نجد ما يزيد عن 600 زلزال صغير المقياس قد تم تسجيله في خلال عام 2005 فقط. ووفقاً لما صرح به العلماء نجد المناطق النشطة مثل سومطرة ويلوستون في حالة مستمرة من عدم إستقرار القشرة الأرضية والهزات المتعاقبة. كما أننا نلحظ حاليا إرتفاع معدلات البراكين والفيضانات فما السر وراء كل هذه الكوارث؟ وهل هناك علاقة تربط بين كل هذه الأحداث وماذا تكون هذه العلاقة التي تتسبب بكل هذه التداعيات؟

أصوات غامضة من السماء. هل صعقتك يوماً شحنة كهربية إستاتيكية؟ أو رأيت وميضاً جراء ملامسة شحنتين كهربيتين بمعطفك الصوفي؟ حسناً.. كذلك يحدث البرق ولكن بحجم أعظم فما البرق إلا تياراً كهربياً ولكي يحدث في السماء حيث توجد سحب. وتنشأ السحب حين يسخن سطح الأرض وبالتالي الهواء الملامس له والذي يصعد في طبقات السماء العليا محملاً ببخار الماء ومع برودة تلك الطبقات يتكثف بخار الماء مكوناً السحب. وبإستمرار صعود الهواء يتعاظم حجم السحب وتتدنى درجة الحرارة في طبقات السحب العليا تحت الصفر فيتحول بخار الماء إلى ثلج ونطلق على مثل تلك السحب مصطلح "السحب الرعدية". ويزداد تصادم ذرات الثلج مع إزدياد كثافتها وتنتج شحنات كهربية إستاتيكية أو ساكنة جراء تلك التصادمات وتتصاعد الشحنات الكهربية الموجبة الخفيفة لطبقات السحب العليا فيما تهبط الشحنات الكهربية السالبة الثقيلة إلى طبقات السحب السفلى. وعندما تتعاظم كثافة تلك الشحنات بقطبيها المتباينين يحدث تفريغ كهربي فيما نطلق عليه لفظ "البرق" أو كما لاحظت سابقاً على كمٍ ضعيف بمعطفك الصوفي. ولا يعلم الكثيرون منا أن معظم حالات البرق تحدث داخل السحب والقليل منها يحدث بين السحب والأرض.

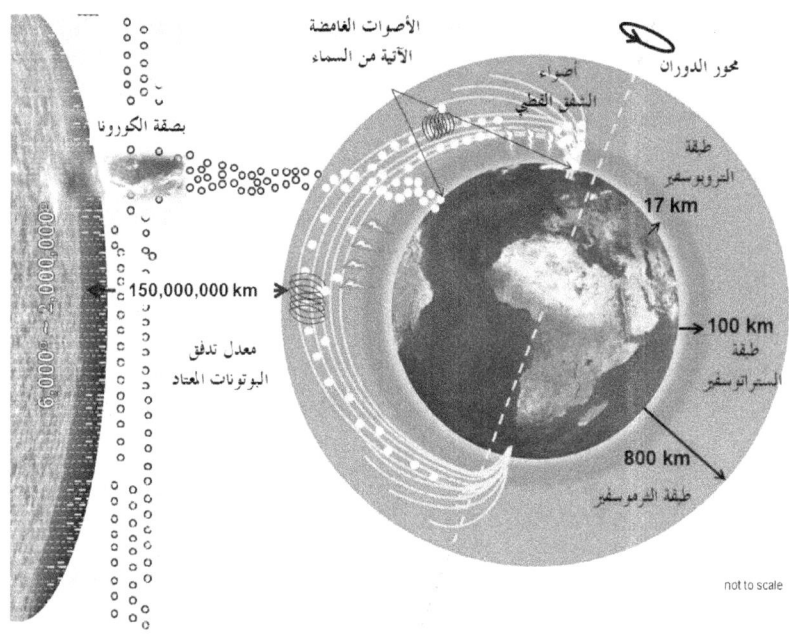

الشكل 7- وصول سيل فجائي كثيف من الجسيمات الموجبة

ويتولى المجال المغناطيسي المحيط بالكرة الأرضية حمايتها من الجسيمات المشحونة الآتية من الشمس مثل الإلكترونات والبروتونات فيتم إحتباسها بين خطوط القوى المغناطيسية في طبقة الثرموسفير التي تعلو فوق سطح الأرض بحوالي 100 كيلومتر وحتى 800 كيلومتر (62 إلى 500 ميل). ولا تقبع ذرات البروتون ذات الشحنة الموجبة ساكنة بل تتحرك في مسار حلزوني حول خطوط القوى المغناطيسية ذهاباً وإياباً بين القطبين المغناطيسيين. وحيث أن المجال المغناطيسي قد تدنت شدته في النصف الغربي والجنوبي للأرض بأكثر من 10% في خلال 150 عاماً مضت بالأضافة إلى تدني لاحق بقيمة 5% خلال آخر 10 سنوات[3] فقد وجدت البروتونات الفرصة لتغلغل البعض منها إلى طبقات الجو السفلى أي طبقة التروبوسفير والتي تمتد من سطح البحر حتى إرتفاع 17 كيلومتر (10 ميل). وحيث أن الشمس تلفظ في بعض الأحيان كم هائل من الجسيمات المشحونة والطاقة فيما

---

3 http://news.bbc.co.uk/2/hi/science/nature/4520982.stm

يطلق عليه "بصقة الكورونا" أو—coronal mass ejection (CME) والتي قد يكون مسارها كوكب الأرض فإننا نجد سيلاً فجائياً من شحنات البروتونات الموجبة مخترقاً الغلاف المغناطيسي الضعيف في عشوائية تامة في الزمان أو المكان. وقد يحدث أن تكون بعض السحب الرعدية في مسار تلك البروتونات مما ينشأ عنه تفريغ كهربي بين شحنات السحب تلك السالبة و شحنات البروتونات الشمسية الموجبة لتبعث تلك الأصوات المتناغمة مع تناغم سيل البروتونات وبالتالي ظاهرة الأصوات التي نسمعها آتيةً من السماء ولا نعلم مصدرها. وكما هو معروف فإن البروتونات العالقة ذهاباً وإياباً بين القطبين المغناطيسيين تتبع مسارات خطوط القوى المغناطيسية وبالتالي تصل إلى أقرب إرتفاع من سطح الأرض أثناء إختراقها لطبقة التروبوسفير وينتج عن تصادمها بجزيئات الهواء أضواء الشفق القطبي بألوانه الزاهية الخلابة ولكن ينتج أيضاً أصوات تم رصدها[4] في عام 2012 مما يدعم ما تقدم من أن الأصوات الغامضة الآتية من السماء ليست إلا أصوات تفريغ الشحنات السالبة للسحب والموجبة للبروتونات حال وصول سيل ضخم من تلك البروتونات جراء بصقات الشمس الكورونية والذي أصبح أكثر إختراقاً عن ذي قبل نتيجة ضعف المجال المغناطيسيي كما أشرت قبلاً.

النفوق الفجائي لأسراب الطيور والأسماك.فقد حدث في ليلة رأس السنة لعام 2011 أن نفق عدد من طيور الشحرور يقدر ما بين 1,000 و 5,000 طير في محيط مساحة تقدر بميل مربع بالقرب من بلدة بيب بولاية أركانساس بأمريكا. و في آن واحد طفى نافقاً ما يقدر ب 100,000 من الأسماك ضئيلة الوزن على شريط ساحلي بلغ من الطول عشرين ميلاً بالقرب من بلدة أوزارك بولاية أركنساس[5] والتي تبعد حوالي 200 كيلومتر (125 ميل) عن بلدة بيب ، كما نفق 500 طائر من طيور الشحرور والزرزور على شريط

[4] http://www.aalto.fi/en/current/news/view/2012-07-09/
[5] http://io9.com/5725175/why-are-thousands-of-dead-birds-suddenly-falling-from-the-sky

من الطريق العمومي بلغ من الطول ربع الميل بالقرب من بلدة لابار بولايو لويزيانا والتي تبعد حوالي 576 كيلومتر (360 ميل) عن بلدة بيب أيضا. على أن هذه الأحداث ليست مقصورة فقط على الولايات المتحدة الأمريكية فقد نفقت في ظروف مشابهة مئات من الغربان ببلدة فولك أوبنج بالسويد. وقد ثبت بالأبحاث أن زيادة مستوى البروتونات على سطح الأرض ينجم عنه زيادة حالات الإكتئاب والأورام وتضرر الجهاز العصبي. ليس هذا فحسب بل وتقليل عدد كرات الدم البيضاء بالنخاع الشوكي والدم خاصة للأجسام الضئيلة في الوزن مثل الفئران. ففي تجربة لدراسة آثار الإشعاع نفقت الفئران بعد تعرضها لجرعة أحادية من البروتونات بلغت 3 جراي (حيث يعبر جراي على وحدة قياس الإشعاع) و بالمقارنة فإن علاج الأورام يتم بتعريض الجسم البشري لجرعة تتراوح بين 1,8 و2 جراي يومياً ولمدة 5 أيام أسبوعياً. وعلى هذا فإني أميل للإعتقاد بأن النفوق الفجائي والجماعي لتلك الطيور والأسماك الضئيلة الحجم ينتج عن تضرر جهازها العصبي بعد تعرضة لسيل من الجسيمات المشحونة التي قد تكون آتية مباشرة من لفحات البصقات الكورونية للشمس أو الإنبعاثات الكونية بعد تغلغلها للمجال المغناطيسي الآخذ في الضعف.

مقارنة الألومنيوم ولدائن الكربون. فكما سبق نعلم أن الجسيمات المشحونة أو بالأخص البروتونات الموجبة يتم إحتجازها بين خطوط المجال المغناطيسي. ولكن تتمكن نسبة من البروتونات التغلغل لسطح الأرض نظراً لإزدياد ضعف المجال المغناطيسي وقد تم رصد إزدياد مستوى البروتونات بسطح الأرض كما أشرنا سابقاً. على أن وصول سيل فجائي للأرض من الجسيمات المشحونة من جراء البصقات الكورونية للشمس يتسبب في تغلغل فجائي وعشوائي لسيل من تلك الشحنات الذي يخترق المجال المغناطيسي وصولاً إلى طبقة التروبوسفير حيث تطير معظم الطائرات. وهنا ينبغي الحذر فقد كان الألومنيوم يمثل النسبة العظمى في صناعة أبدان الطائرات على أنه ونتيجة الأبحاث المستمرة لإنقاص أوزان الطائرات وبالتالي توفير الوقود أو الطيران لمسافات أطول بذات الوقود فقد أدخل الكربون

المركب بنسبة 50% في صناعة أبدان بعض الطائرات الحديثة. وعلماً بأن الألومنيوم يتمتع بخاصية التوصيل الكهربي والتي تبلغ 1,000 ضعف تلك التي يتمتع بها الكربون المركب فإن قدرة بدن تلك الطائرات الحديثة لإمتصاص السيل الفجائي من الجسيمات المشحونة الآتي من السماء تضعف وبالتالي تتغلغل تلك الجسيمات المشحونة كهربياً داخل كبائن تلك الطائرات فتسبب في حرق البطاريات الكهربية والدوائر الإلكترونية بالإضافة إلى تعرض الركاب لمعدلات أعلى من الإشعاع. وكما أقترحت بالفصل الرابع فإن تغليف تلك الأجهزة والدوائر الكهربية بقميص من معدن موصلة لهو خير حماية لها من التعطل أو الإنصهار.

إنتقال الجليد والقطب المغناطيسي سوياً. بدء القطب المغناطيسي في الدائرة القطبية الشمالية الحركة ببطء شمالا منذ منتصف القرن التاسع عشر. ولكن منذ ثلاثين عاماً أخذت سرعته في الإزدياد بحيث أصبح يبتعد عن كندا وفي إتجاه سيبريا بمعدل سرعة يبلغ أربع أضعاف السرعة عن ذي قبل. ويوضح الشكل 8 التغيُّر في مساحة جليد القطب الشمالي خلال الفترة بين عامي 1979 و 2003 ومن خلال الإمعان في الدائرة المخطوطة ، والتي تغطي بقعة على الخريطة شمال سيبريا نرى أنه قد تزايد تراكم الجليد بها في عام 2003 عنه في عام 1979 مما قد يبدو أن تراكم الجليد يقتفي أثر موقع القطب المغناطيسي ويتبعه إينما توجه.

الشكل 8- مقارنة تحرك الجليد

وبإستخدام الكربون المشع أستطاع العلماء إقتفاء حركة القطب المغناطيسي في الدائرة القطبية على مر التاريخ وكيف أنه دائم الهجرة بين كندا وسيبريا وكما نعلم فالقطبين المغناطيسيين لا علاقة لها بالقطبين الجغرافيين الذين

يتواجدان عند سطح الأرض عند محور دوران الكرة الأرضية. وإذا تخيلنا خط يربط بين قطبي الأرض المغناطيسيّين نجد أن هذا الخط يميل حاليا بزاوية إختلاف بقيمة 10° شمالاً و 23° جنوباً عن محور دوران الأرض. وجدير بالذكر أن القطب المغناطيسي الجنوبي هو الذي يقبع قريبا من القطب الجغرافي الشمالي وأن القطب المغناطيسي الشمالي هو الذي يقبع قريبا من القطب الجغرافي الجنوبي وأن القطبين المغناطيسيين يتحركان بحرية في معزل عن بعضهما البعض ولا يقعان على طرفي النقيض من سطح الأرض (Canada-Natural-Resources, 2005) (Australian-Antarctic-Division, 2002) ويبدو أن معدل سرعة القطب المغناطيسي قد زادت في أخر عشر سنوات فقط حيث أنه قطع مسافة تقارن بتلك التي قطعها في القرن الماضي. وعلى ذلك فإنه بمقارنة الظاهرتين وبالأخص إتجاه تغير موقعي القطب المغناطيسي و إتجاه التراكم الجليدي نجدهما مترابطي الوجهه في إتجاه سيبريا. فتذوب طبقة الجليد القديمة في موقع القطب المغناطيسي القديم بينما تنمو الطبقة الجديدة في موقع القطب المغناطيسي الجديد. ونجد أن الذوبان أسرع من البناء نظراً لأن البناء يستدعي هطول أمطار من آن لأخر وتحول الماء إلى جليد عكس عملية الذوبان التي تدوم على مدار الساعة. وهناك نفس الظاهرة بالقطب المتجمد الجنوبي في أنتارتيكا[6] حيث يذوب الجليد في غرب القارة وينمو في شرقها وذلك على التوازي مع هجرة القطب المغناطيسي هناك من غرب القارة إلى شرقها. ومن المعروف أن القطبين المغناطيسيين دائمي الهجرة وقد يتبادلان موقعيهما مع بعضهما البعض كما علق جوزيف ستونر عالم المغناطيسية الأثرية بجامعة ولاية أوريجون الأمريكية أثناء مؤتمر إتحاد الجيوفيزياء الأمريكي عام 2005 بسان فرانسيسكو.

الأقطاب الجوالة هو إصطلاح تم إطلاقه من خلال الدراسات التي أثبتت ضُعف قوة المجال المغناطيسي في النصف الغربي خلال 160 عاماً الماضية

---

[6] http://www.csmonitor.com/Environment/2008/0110/p14s01-sten.html

وفي هذه الأثناء تحول[7] القطب المغناطيسي في الشمال الجغرافي حوالي 1,100 كيلومتر (685 ميل) كما نلحظ بشكل 9. وصرح جوزيف ستونر بجامعة أوريجون بأن تحوال القطب المغناطيسي قد تزايد خلال المائة عام الأخيرة بمعدل عالي بالنسبة للقرون السابقة.

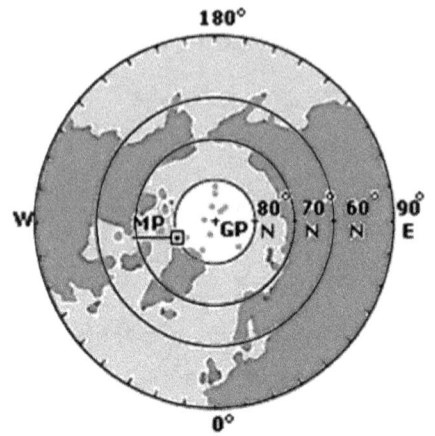

وعندما قمت بربط أدوات قياس شدة المجال المغناطيسي المتوفرة بالهيئة الوطنية للغلاف الجوي والمحيطات بالولايات المتحدة وقواعد المعلومات التي تدل على موقع القطبين المغناطيسيين على مدى الأزمنة المختلفة بالمركز الياباني العالمي للبيانات المغناطيسية أستطعت توضيح أثر حركة القطبين المغناطيبين شرقاً على مدى مائة عام كما هو مبين بالجدول-1 على ضعف المجال المغناطيسي في غرب الكرة الأرضية والمحيط الجنوبي وإزدياد قوة المجال المغناطيسى في شرق الكرة الأرضية. وهذا طبيعي حيث أن بُعد القطبين عن بعدهما البعض عند القياس من الجانب الغربي يعني قلة كثافة خطوط القوى المغناطيسية لزيادة الرقعة المغطاة من الأرض وقربهما من بعضهما البعض عند القياس من الجانب الشرقي يعني زيادة كثافة خطوط القوى المغناطيسية لقلة الرقعة المغطاة من الأرض حيث أن عدد الخطوط المغناطيسية يُفترض تماثله في الأزمنة القريبة. وهناك بعض المخطوطات التاريخية التي قامت جامعة إكستريمادورا[8]

القطب الجغرافي GP +

القطب المغناطيسي الحالي MP •

مواضع سابقة للقطب المغناطيسي •

الشكل 9- الحفريات الصخرية أكدت تجوال القطب المغناطيسي على مدى 7,000 عام

---

[7] http://news.bbc.co.uk/2/hi/science/nature/4520982.stm ; "Magnetic north pole drifting fast," BBC (2005)

[8] http://www.livescience.com/18650-weird-weather-ancient-baghdad.html

بأسبانيا والتي تدلل على الهبوط الحاد لدرجات الحرارة في المنطقة العربية كالعراق وسوريا بين عامي 900 و950 بعد الميلاد أي في نفس الفترة التي كان فيها القطب المغناطيسي بسيبريا يقع على خطوط طول وعرض تتقارب والمنطقة العربية.

	عام 1900			عام 2012			التغير	
	خط عرض	خط طول	شدة مغناطيس نانو تسلا	خط عرض	خط طول	شدة مغناطيس نانو تسلا	شدة مغناطيس نانو تسلا	%
قطب مغناطيسي -شمال	70° 30' 0" N	96° 12' 0" W	61,120	85° 54' 0" N	149° 0' 0" W	57,177	-3,943	-6%
تورونتو	43° 43' 15" N	79° 24' 45" W	62,068	43° 43' 15" N	79° 24' 45" W	54,220	-7,848	-13%
نيو يورك	40° 42' 28" N	73° 54' 19" W	60,212	40° 42' 28" N	73° 54' 19" W	52,020	-8,192	-14%
سان فرانسيسكو	37° 47' 45" N	122° 22' 48" W	54,342	37° 47' 45" N	122° 22' 48" W	48,674	-5,668	-10%
مكسيكو سيتي	19° 25' 37" N	99° 7' 39" W	46,648	19° 25' 37" N	99° 7' 39" W	40,681	-5,967	-13%
ريو دي جانيرو	22° 43' 18" S	43° 27' 19" W	25,517	22° 43' 18" S	43° 27' 19" W	23,264	-2,253	-9%
موسكو	55° 45' 0" N	37° 42' 0" E	49,668	55° 45' 0" N	37° 42' 0" E	52,388	2,720	5%
لندن	51° 29' 16" N	0° 10' 41" W	47,379	51° 29' 16" N	0° 10' 41" W	48,678	1,299	3%
فلاديفوستوك	43° 7' 48" N	131° 57' 38" E	52,058	43° 7' 48" N	131° 57' 38" E	52,631	573	1%
أنقره	39° 55' 44" N	32° 51' 11" E	43,741	39° 55' 44" N	32° 51' 11" E	47,445	3,704	8%
أثينا	37° 56' 38" N	23° 39' 11" E	42,493	37° 56' 38" N	23° 39' 11" E	45,846	3,353	8%
طوكيو	35° 40' 59" N	139° 48' 32" E	45,695	35° 40' 59" N	139° 48' 32" E	46,394	699	2%
القاهرة	30° 4' 40" N	31° 15' 3" E	39,789	30° 4' 40" N	31° 15' 3" E	43,446	3,657	9%
دبي	25° 16' 16" N	55° 19' 44" E	40,345	25° 16' 16" N	55° 19' 44" E	43,947	3,602	9%
كولمبو	6° 55' 37" N	79° 50' 53" E	38,010	6° 55' 37" N	79° 50' 53" E	40,522	2,512	7%
كوالا لمبور	3° 9' 0" N	101° 42' 29" E	39,547	3° 9' 0" N	101° 42' 29" E	41,822	2,275	6%
بيرث	31° 57' 22" S	115° 51' 11" E	57,133	31° 57' 22" S	115° 51' 11" E	58,269	1,136	2%
سيدني	33° 53' 23" S	151° 1' 42" E	57,923	33° 53' 23" S	151° 1' 42" E	57,092	-831	-1%
فولكلاند	51° 42' 4" S	57° 50' 56" W	38,349	51° 42' 4" S	57° 50' 56" W	28,479	-9,870	-26%
اوشوايا	54° 47' 31" S	68° 17' 53" W	43,225	54° 47' 31" S	68° 17' 53" W	32,016	-11,209	-26%
تاسمينيا/ مدغشقر	18° 10' 0" S	49° 23' 0" E	38,810	18° 10' 0" S	49° 23' 0" E	35,110	-3,700	-10%
أوكلاند	36° 54' 14" S	36° 54' 14" E	39,195	36° 54' 14" S	36° 54' 14" E	30,068	-9,127	-23%
كاب تاون	33° 58' 44" S	18° 28' 55" E	35,984	33° 58' 44" S	18° 28' 55" E	25,653	-10,331	-29%
قطب مغناطيسي- جنوب	71° 48' 0" S	148° 24' 0" E	69,175	64° 18' 0" S	136° 48' 0" E	66,749	-2,426	-4%

جدول 1- تغير الكثافة المغناطيسية جراء حركة القطبين المغناطيسيين خلال 100 عام[10] [9]

أو بمعنى آخر وكما بشكل 10 كانت المنطقة العربية تبعد عن القطب المغناطيسي آنذاك بنفس تلك المسافة التي تبعدها وسط أوروبا عن القطب المغناطيسي بشمال الكرة الأرضية حالياً وعلى هذا أدلل أن درجة الحرارة على سطح هذا الكوكب تعتمد على موضع القطب المغناطيسي فكلما إقتربت من القطب المغناطيسي تزداد البرودة وكلما بعدت تزداد الحرارة ويتغير المناخ. وبعض العلماء يعتقد أنه من الممكن تبادل القطبين المغناطيسيين موقعيهما ولكن مثل هذا الإعتقاد لا يفسر سبب ضعف المجال المغناطيسي

---

[9] http://www.ngdc.noaa.gov/geomag-web/#igrfwmm

[10] http://wdc.kugi.kyoto-u.ac.jp/poles/polesexp.html

والبعض الأخر من العلماء يؤكد على أنه توجد تغيُّرات تحت أقدامنا بباطن الكرة الأرضية لا نفهم أسبابها ، تتسبب بإزدياد معدلات الزلازل وقد تكون السبب في ما هو حادث للمجال المغناطيسي وأعتقد أنه يتحتم علينا دراسة التغيُّرات القادمة من باطن الأرض جنباً إلى جنب والتغيُّرات الآتية فوق رؤسنا من الفضاء المكوّن للمجموعة الشمسية لربط المسببات وتوقع النتائج كما سأتناول فيما بعد بهذا الفصل.

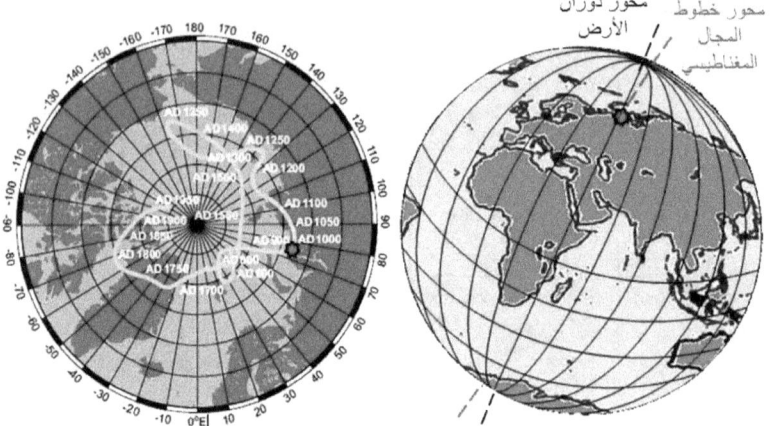

الشكل 10- تجوال القطب المغناطيسي بالشمال الجغرافي

إن التحرك القطبي ليس ظاهرة جديدة. فقد أعلنت جامعة كولورادو ببولدر بالولايات المتحدة الأمريكية عن إكتشافها أن حيوان الكوريفودون وهو حيوان يشابه فرس النهر كان يعيش بالقطب الشمالي قبل ثلاثة وخمسين مليون عام . ونظراً لمعيشة مثل هذا النوع من الثدييات بالمناطق الإستوائية الحارة فيبدو أنه كان هناك حزام إستوائي يمر بالقطبين الجغرافيين للكرة الأرضية في تلك الفترة الزمنية ويبدو أن جدّ حيوان التابير وأبناء عمومة وحيد القرن القدامى كانوا يعيشون داخل الدائرة القطبية ، الحارة آنذاك في طبيعة مظلمة ستة شهور بالعام ولكنها تتمتع بالخضار والغابات والمستنقعات كما صرحت جالين إبرله مساعد البروفيسور بقسم العلوم الجيولوجية وأمينة الحفريات الفقارية بمتحف جامعة كولورادو والكاتبة الرئيسية للبحث الذي

يدلل على تواجد ثدييات جاوز وزنها 450 كجم (1,000رطل) في فترة ما قبل التاريخ في جزيرة إلِسمير بالقرب من جرينلاند.

الشكل 11- كوريفودون

وكانت هذه الثديات[11] تقتات على النباتات الزهرية والأوراق المتساقطة والنباتات المائية. وفي الشتاء كانت تقتات على الأغصان وأوراق الشجر والفطر. كما تظهر الدراسة إنتشار الثدييات الأولية عن طريق الممرات الشمالية إلى أمريكا الشمالية والتي قد تعطينا قدرة التصوّر على إستعداد الحيوانات الثديية للهجرة في حال حدوث تغيُّر مناخي حاد. كما أشار هنري فريك بكلية كولورادو بكولورادو سبرنجز وجون همفري بكلية كولورادو للمناجم بجولدن في رسالتيهما حيث إستفادا من التنظير الكربوني والأُكسيجيني المستخرج من أسنان ثلاث حفريات مختلفة من جزيرة إلِسمير (الكوريفودون والجدّ الأصلي لحيوان التابير والبرونوطير والذي يشبه وحيد القرن). ولقد أضافت جالين إبرله أن أسنان الحيوانات هي أفضل حفريات حيث أنها شديدة المتانة وتستطيع مقاومة الظروف المناخية الصعبة بالدائرة القطبية وذوبان الجليد السنوي. إن الكشف عن البصمات الحفرية بإستخدام نظائر الكربون المشع يُمكّن من تحليل طبقات مينا الأسنان والتي تكونت على مدى فترة عُمر الحيوان. وهكذا تم إكتشاف أنواع النباتات التي كانت تلك الحيوانات تقتات عليها في مختلف فصول السنة. وقد نستدل مما سبق أن التوزيع الحالي للثروة الحياتية على هذا الكوكب قد سبقه تغيُّر مناخي حاد. ويُنظر للجرف الجليدي على أنه طبقات جليدية ترتبط بالإرض التي تقبع عليها وتتزايد سنويا بفعل الأنهار الجليدية 'Glacier' والتي تتكون هي الأخرى من الضغط التراكمي وإعادة بلورة الثلج إلى جليد. وأكبر جرف

---

[11] http://www.physorg.com/news163081573.html ; 53 million-year-old high Arctic mammals wintered in darkness

جليدي على الأرض هو جرف روس بالقارة القطبية الجنوبية والذي يبلغ عمقه من 180 إلى 900 متر (من 600 إلى 3,000 قدم) وحوالي 960 كيلومتر (600 ميل) طولاً أو ما يماثل مساحة فرنسا أو إقليم دارفور بالسودان ويبلغ إرتفاع الجرف 60 متر (200 قدم) عند حافة الماء.

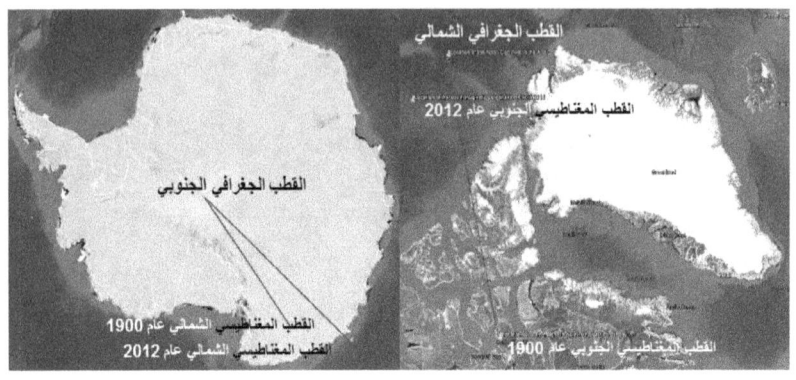

الشكل 12– يتجه كلا القطبين شرقاً خلال 100 عام

ولقد صرح أندرو ج.فونتان بروفيسور الجغرافيا والجيولوجيا بجامعة أوريجون بولاية بورتلاند بالولايات المتحدة "إن النظام البيئي الحالي يعتمد بأسلوب مباشر على ميراث التغيُّرات المناخية السابقة" فعلى سبيل المثال ومنذ40,000 عاماً مضت إمتد جرف روس ليحجب مدخل وادي تايلور عن المحيط وهكذا تكونت بحيرة عملاقة بالوادي وترسبت طبقات الطحالب حتى8,000 عاماً مضت حين بدء جرف روس في التراجع ونضُبت البحيرة. وكما بالشكل 12 فإن إستمرار حركة القطبين المغنطيسيين شرقاً تتسبب في حرمان القطبين الجليديين من المظلة المغناطيسية القوية مما يؤدي إلى ذوبانهما وبالتالي إرتفاع مستوى البحر. ونحن الآن نمر بالمرحلة الأولى تدريجياً. فليس فقط تحرك القطب المغناطيسي الشمالي بقارة أنتارتيكا مسافة 960 كم (600 ميل) في الفترة من عامم 1900 وحتى عام 2012 ولكن أيضا تحرك القطبي المغناطيسي الجنوبي بالدائرة القطبية الشمالية مسافة 1,920 كم (1,200 ميل) شرقاً بنفس الفترة مما يعني أن المسافة بينهما إذا قيست من نصف الكرة الغربي فوق المحيط الأطلنطي قد زادت بمقدار 800 كم (500 ميل)

تقريبا خلال قرناً من الزمان. مما تسبب كما سبق بضعف الكثافة المغناطيسية فوق نصف الكرة الأرضية الغربي وبالتالي إزدياد مسافة حركة البروتونات الحلزونية[12] حول خطوط المجال المغناطيسي بطبقة الثرموسفير وإزدياد الطاقة الناجمة عن تصادمهم ببعضهم البعض بل وقدرة البعض منها النفاذ من طبقة المغناطيس الأضعف وخاصة في منتصف المسافة بين القطبين المغناطيسيين ووصولها إلى طبقة التروبوسفير من الغلاف الجوى وصدمها لمياه المحيطات مؤدية لإرتفاع درجة حرارة المحيط الأطلنطي والجنوبي ومذيبة لهيدرات الميثان مما يؤدي إلى إنتاج غاز ميثان وإتحاده بذرات الأكسيجين وتوليد ثاني أكسيد الكربون وبخار المياه وإزدياد كم الأمطار فوق كل القياسات السابقة.

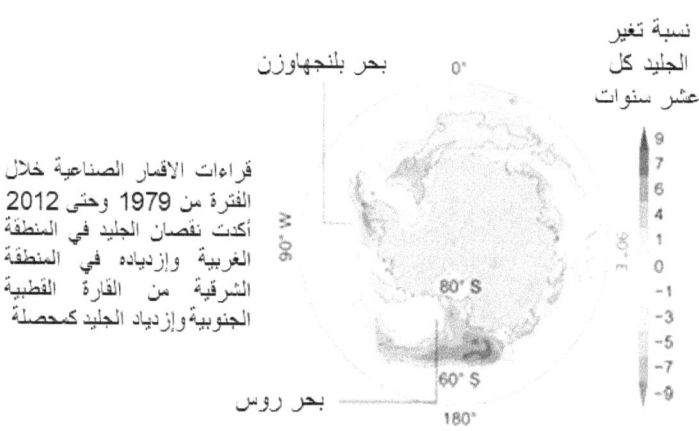

المصدر: مركز بيانات الجليد الأمريكي

الشكل 13- إنحسار الجليد بالغرب إزدياده في شرق أنتاركتيكا يتواكب مع حركة القطب المغناطيسي

ولقد تمكنت من إقتفاء تحركات القطبين المغنطيسيين على مدى 100 عام في القارة القطبية الجنوبية وثبات صحة تتبع الجليد لموضع القطب المغناطيسي في كلى الطرفين كما بالشكل 12. ولكن هل سيتم تحرك القطبين المغناطيسيين على نفس الوتيرة أم سيتصاعد معدل الحركة إلى مستوى يسبب الإنحسار السريع للمظلة المغناطيسية والذوبان المفاجئ للجليد؟ وإذا ما تم

[12] http://www-spof.gsfc.nasa.gov/Education/Iradbelt.html

هذا السيناريو فلسوف ينتج عن الذوبان المفاجئ للجليد إرتفاع مفاجئ لمياه البحر لن يضائله زيادة البخر وبالتالي غرق العديد من الشواطئ الساحلية والجزر الوطيئة. ولسوف يتبع إلتفاف النواة الداخلية أي المغناطيس الأرضي وإستقرارها بدء تكوين قطبين جليديين جديدين من مياه الإمطار. ولا يستطيع أحد الجزم بمكاني إستقرار القطبين المغناطيسيّن ولكن إذا ما إتُبع نفس المسار الذي نتج عنه وجود حزام إستوائي في جزيرة إلِسمير بالقرب من جرينلاند كما تعرضنا فلسوف يكون مستقر القطبين الجديد بالهند والبرازيل! وإنحراف الأحزمة الحرارية مابين °70 و°80 عن موضعهم الحالي.

وجرت العادة ألا نأخذ تنبؤات العرافين على محمل الجد ولكن هل من الممكن أن يكون ميشال نوستراداموس الطبيب الفرنسي الذي عاش قبل خمسمائة عام قد تمتع بقدرة الإستشعار أو الرؤية عن بعد كما إسترسلنا بالفصل الأول من هذا الكتاب؟ وهل إستطاع إستبصار أحداث لاحقة ووضعها في مجموعة أبيات شعرية كل منها يتكون من أربعة سطور مستترة خوفاً من الملاحقة آنذاك؟ هل من الممكن أن يكون مصيباً في قصيدتة الرباعية التي لخص فيها الأحداث التي ستمر بالعالم من جراء تغيُّر مناخي غير مسبوق والظروف التي سيحيا فيها البشر فكتب النص كما بالشكل 14؟

> Si grand famine par onde pestifère.
> Par pluie longue le long du pole arctique,
> Samarobrin cent lieux de l'hémisphère,
> Vivront sans loi exempt de politique.
>
> هناك مجاعة كبيرة من خلال موجة عارمة
> و أمطار طويلة بعمق القطب المتجمد
> ساماروبرين عصبة المائة في نصف الكرة
> حيث يحيون بدون قانون إلا من السياسة

الشكل 14- تنبؤات- الفصل السادس - الرباعية الخامسة

وهل يعني ما كتبه أنه مع إنحراف الأحزمة الحرارية المدارية ، التي ترسم خريطة الحرارة والأمطار على الأرض ، ستندر المياه في بعض بقاع الأرض فتنتشر المجاعات وتكثر في البعض الآخر فتكثر الفياضانات ؟ وهل يذوب جليد

القطبين ذوباناً تاماً وبصورة مفاجئة فيرتفع مستوى سطح البحر بنفس حجم الجليد الذائب ويزداد البخر ومن ثم الأمطار حتى يعود مستوى سطح البحر لما كان عليه؟ وما هذا الساماروبرين Samarobrin ؟ هل هو إسم إنسان أو إسم مكان أو جماد أو جماعة ما؟ ولا أخفي عليكم إحتمال دمج وخلط حروف كلمتين في كلمة واحدة كما إعتاد نوستراداموس في كتاباته للحفاظ على الغموض وعدم الملاحقة. فنجد أن ***siren*** تعنى إطلاق صفارة الإنذار و***Obama*** تشير إلى إسم الرئيس الأمريكي. أي بمعنى أن الرئيس الأمريكي سيحذر الدول الأعضاء في الأمم المتحدة للتكاتف إزاء الخطر القادم من السماء وإلى زمن ينعدم فيه الأمن المدني اللهُم من إستمرار الحوار السياسي غالباً بين الدول.

لماذا تتباين درجات الحرارة عند مستوى سطح البحر. نحن نعلم أن الكرة الأرضية تتمتع بزاوية ميل ثابتة طوال العام تبلغ 23.44° أو (’26 °23) بين محور دورانها والإتجاه العمودي على مدارها حول الشمس. وكما تدور الأرض حول الشمس في مسار شبه دائري فإن نصف الكرة الجغرافي الذي يميل بعيدا عن الشمس سيأتي قريبا منها بعد ستة أشهر وهكذا كل عام وينتج عن ذلك الفصول المناخية الأربع حيث يتمتع نصف الكرة المائل نحو الشمس بعدد ساعات أطول من الإضاءة والطاقة الإشعاعية. وعلى سبيل المثال فمدار الجدي أو المدار الجنوبي هو أحد المدارات الخمس الدالة على خطوط العرض لكوكب الأرض حيث يقع على بُعد '26 °23 جنوب خط الإستواء ويمثل أقصى بُعد جنوبي لتعامد الشمس والذي يتم في 21 ديسمبر من كل عام فيما يسمى بالإنقلاب الشتوي. على أنه نتيجة لإختلاف إتجاه ميل الأرض حول محورها فإن تاريخ الإنقلاب الشتوي يتحرك ببطء شديد بعيداً عن 21 ديسمبر. وبالمقابل نجد مدار السرطان في نصف الكرة الأرضية الشمالي ويمثل أقصى بُعد شمالي لتعامد الشمس والذي يتم في 21 يونيو من كل عام فيما يسمى بالإنقلاب الصيفي وتسمى المنطقة الواقعة بين المدارين بالمنطقة المدارية . وعلى هذا تنحصر زاوية الإسقاط العمودي لأشعة الشمس على سطح الأرض في المنطقة المدارية ذهاباً وإياباً بين مداري الجدي

والسرطان. وهناك البعض الذي يظن أن خط الإستواء يتمتع بأعلى درجات الحرارة لكونه الأقرب مماساً للشمس ولكن يجب التمعن قليلاً فميل الأرض لا يجعل خط الإستواء الشديد الحرارة في فصل الشتاء مثلاً بأكثر قرباً من الشمس عن حزام خط العرض المتوسط المعتدل الحرارة كما أن البقعة الأرضية الأقرب للشمس آنذاك تصبح البقعة المماسة لمستوى مدار المجموعة الشمسية أي عند مدار الجدي!

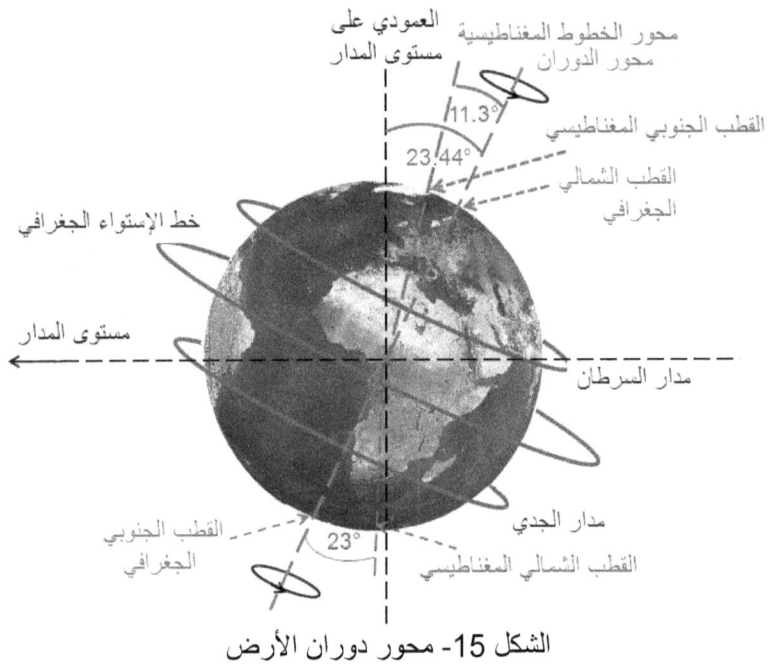

الشكل 15- محور دوران الأرض

وهناك البعض الذي يعتقد أن زاوية إسقاط الطاقة الشمسية تؤثر في درجات الحرارة على سطح الأرض فعندما تتعامد أشعة الشمس أي تبلغ 90° على السطح المماس لمستوى مدار المجموعة الشمسية تبلغ الحرارة أشدها وعندما تتناقص لتصل إلى 0° عند سطح الكوكب المار بالخط العمودي على مستوى مدار المجموعة الشمسية تبلغ الحرارة أبردها ولكن هذا لا يبرر قلة درجة الحرارة على سطح الأرض عند مدار الجدي أثناء فصل الشتاء حين تتعامد أشعة الشمس على مدار الجدي عنها بسطح البحر عند خط

الإستواء حيث تبلغ زاوية الإسقاط حينها أقل من 90°. كما أن تعامد الشمس على خط الإستواء لا يتأتى إلا يوماً واحداً كل ستة أشهر عندما يصبح سطح الأرض بخط الإستواء على أقرب مسافة من الشمس عن أي بقعة أخرى على سطح الأرض. وعلى هذا لا نجد مبرراً معروفاً لتمتع خط الإستواء بأعلى درجات الحرارة عند مستوى سطح البحر حيث لا تتعامد الشمس عليه إلا يومين فقط خلال العام الواحد وكما يوضح الشكل 16 نجد الموقع 'ع' (على خط الإستواء) يقع على نفس زاوية الإسقاط مع أشعة الشمس مثل الموقع 'س' (حزام خط العرض المتوسط الجنوبي).

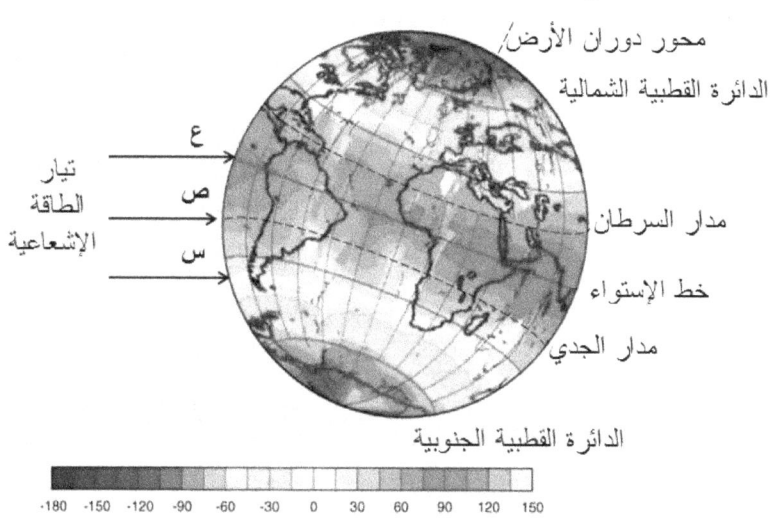

الشكل 16- لا تعتمد الحرارة على زاوية الإسقاط أو المسافة عن الشمس[13]

ولذا نتسأل كيف يتأتي التفاوت في درجات الحرارة بين الموقعين؟ ولماذا تشتد الحرارة عند الموقع 'ع' لتبلغ الأقصى على سطح الأرض مع أنه أبعد عن الشمس من الموقع 'ص' أي عند مدار الجدي؟ ولكُم أن تتساءلوا ما الذي

[13] https://atmos.washington.edu/~dennis/Hartmann&Michelsen_1993.pdf
Temperature Graphic by D. Hartmann and M. Michelsen, University of Washington

يؤدي إلى تفاوت درجات الحرارة على سطح الأرض إذا ما قيست عند مستوى سطح البحر؟

من أين تأتي الحرارة إلى سطح الأرض. يعتقد العلماء أن الطاقة الضوئية للفوتونات القادمة من الشمس هي المصدر الأساسي للحرارة على سطح الأرض. ولكن ماذا لو أن هناك مصدر أخر أكثر شدة من طاقة الفوتونات الضعيفة؟ نحن نعلم تباعد وتفلطح خطوط القوى المغناطيسية كلما إقتربت من المدار الإستوائي تغطيةً منها لمساحة أكبر أثناء مسارها من قطبٍ مغناطيسي لآخر فتبلغ أقصى تفلطح عند منتصف المسافة بين القطبين المغناطيسيين أو ما أُسميه خط الإستواء المغناطيسي. ولا تستطيع البروتونات الآتية من الطاقة الجسيمية الشمسية النفاذ من خلال المجال المغناطيسي القابع في طبقة الثرموسفير من الغلاف الجوي فتتحرك حلزونياً مع خطوط مجاله ونظراً لكروية الأرض تنفرج خطوط مجال القوى المغناطيسية عند خط الإستواء المغناطيسي وتتكثف أعلى القطبين المغناطيسيين وعلى هذا يزداد عرض المسار الحلزوني للبروتونات كلما إتسعت المسافة بين خطوط القوى المغناطيسية ويقل عرض المسار الحلزوني للبروتونات كلما ضاقت المسافة بين خطوط مجال القوى المغناطيسية أثناء حركتها ذهاباً وإياباً بين القطبين المغناطيسيين. ويتسبب تصادم تلك البروتونات مع بعضها البعض في طبقة الثرموسفير في توليد طاقة إشعاعية تبلغ ذروتها أي 2,000 درجة كلفن عند خط الإستواء المغناطيسي. كما تبلغ السرعة أدناها عند القطبين المغناطيسيين حيث تقل طاقة البروتونات الحركية وتعكس مسار سيرها. وهكذا تتناسب الطاقة الإشعاعية الناجمة عن تلك التصادمات بين البروتونات مع بعضها البعض في طبقة الثرموسفير تناسباً عكسياً مع شدة المجال المغناطيسي فتقل عند الأقطاب حيث يبلغ المجال المغناطيسي أشده وتزداد في منتصف المسافة بين القطبين حيث يبلغ المجال المغناطيسي أدناه. ويعلق البعض أن الطاقة الإشعاعية أي الطاقة التي تحملها الفوتونات والأشعّة التي نلمسها على سطح الأرض تأتى فقط من الشمس التي تبعد مسافة 150,000,000 كيلومتر (93,000,000 ميل) عن الأرض والتي تبلغ حرارة سطحها 6,000 درجة

كلفن. ولكن ماذا عن الطاقة الإشعاعية الآتية لسطح الأرض من طبقة
الثرموسفير؟ علماً بأن تلك الطبقة لا تبعد إلا 100 كيلومتر (62 ميل) عن
سطح الأرض وتمتد بمسافة 700 كيلومتر (438 ميل) وتتراوح حرارتها حتى
2,000 درجة كلفن أعلى خط الإستواء المغناطيسي. ودعونا نرى.. فكما هو
واضح فإن القليل من الطاقة المنبعثة من الشمس يصل إلى أي جسم في
الفضاء المحيط مثل كوكب الأرض ويقاس كم الطاقة الواصل للأرض بوحدة
وات/متر^2 وللتسهيل نفترض أن الطاقة الصادرة من الشمس تتماثل في
شدتها في شتى الإتجاهات أو ما يطلق عليه "الجسم الأسود" وتقاس الطاقة
الشمسية على سطحها بحصل ضرب شدة الطاقة المؤثرة على المتر المربع منها
مضروب في مساحة سطح الشمس. وعلى مسافة أبعد من سطح الشمس
تنتشر الطاقة الشمسية على مساحة أوسع فيضعف تأثيرها وتقل الطاقة
الإشعاعية الواصلة لجسم ما بالفضاء كلما إبتعد عن الشمس فعلى سبيل
المثال تقل الطاقة الإشعاعية الواصلة لكوكب المريخ و الذي يبعد مسافة 227
مليون كيلومتر (142 مليون ميل) عن الطاقة الإشعاعية الواصلة لكوكب
الأرض الذي يبعد فقط مسافة 150 مليون كيلومتر (93 مليون ميل) عن
الشمس وتمثل هذه المسافة نصف قطر مدار الأرض حول الشمس "D".

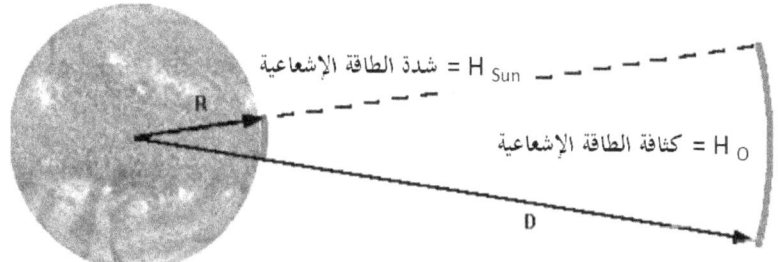

الشكل 17- تقل كثافة الطاقة الإشعاعية كلما بعدت عن الشمس

وتقاس كثافة الطاقة الإشعاعية على بعد D من الشمس بقسمة شدة الطاقة
الإشعاعية على سطح الشمس على مساحة الجسم المعرض للأشعة. هذا
وتبث الشمس طاقة تبلغ σT^4 على كل متر مربع من سطحها طبقاً لمعادلة
الجسم الأسود المتماثل في الإشعاع لبولتسمان. فإذا ضربنا تلك الطاقة في

مساحة سطح الشمس أو $4\pi R^2_{Sun}$ ، حيث يمثل R نصف قطر الشمس نحصل على كم الإشعاع الصادر من الشمس. وعلى هذا تبلغ كثافة الإشعاع (وات/متر^2) الواصل لسطح الأرض أو H_{E-S} كما يلى:

$$H_{E-S} = \frac{R^2_{Sun}}{D^2} H_{Sun}$$

حيث أن:

- H_{E-S} هي الكثافة الإشعاعية الواصلة لطبقة التروبوسفير وسطح الأرض من الشمس وتقاس بوحدة وات/متر^2 .
- H_{Sun} هي الكثافة الإشعاعية على سطح الشمس وتقاس بوحدة وات/متر^2 عملاً بمعادلة ستيفان–بولتسمان للجسم الأسود المتماثل أو E= σT^4 حيث $\sigma = 5.67 \times 10^{-8}$ W/m^2 x K^4
- T هي درجة الحرارة على سطح الشمس البالغة 6,000 درجة كلفن.
- R_{Sun} هو نصف قطر الشمس وتقاس بالمتر كما مبين بشكل 17.
- D هي المسافة بين الشمس والأرض وتقاس بالمتر كما مبين بشكل 17.

وبتطبيق المعادلة نجد أن الكثافة الإشعاعية الواصلة من الشمس لسطح الأرض تصل إلى 1,366 وات/متر^2.

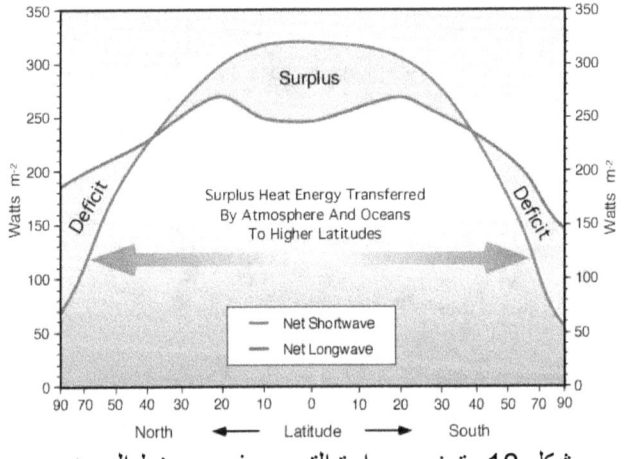

شكل 18- توزيع حرارة التروبوسفير مع خط العرض

وإذا أخذنا نفس معدل توزيع الحرارة بطبقة التروبوسفير على خطوط العرض وطبقناه على طبقة التروبوسفير والتي تبلغ أقصاها فوق المدار الأستوائي المغناطيسي 1,700 درجة مئوية (2,000 درجة كلفن) لوجدنا أن أدناه يبلغ 180 درجة مئوية (450 درجة كلفن)[14] فوق القطبين المغناطيسيين. وبتتبع نفس الأسلوب في قياس الكثافة الإشعاعية نستطيع قياس الكثافة الإشعاعية الناجمة عن طبقة الثرموسفير وصولاً لطبقة التروبوسفير وسطح الأرض بتطبيق المعادلة التالية:

$$H_{E\text{-}T} = \frac{\sigma T^4 \times S_{\text{heat ellipsoid in thermosphere}}}{S_{\text{heat ellipsoid reaching Earth surface}}}$$

حيث أن:

- $H_{E\text{-}T}$ هي الكثافة الإشعاعية الواصلة لطبقة التروبوسفير وسطح الأرض من طبقة الثرموسفير وتقاس بوحدة وات/متر^2.

- T هي درجة الحرارة الثرموسفير في منتصف المسافة بين القطبين المغناطيسيين ويبلغ أقصاها 2,000 درجة كلفن وأدناها 450 درجة كلفن أي 1,225 درجة كلفن كمتوسط.

- إختيار مجسم قطاع ناقص لوصف الطاقة الإشعاعية بقلب طبقة الثرموسفير تم بنسخ مجسم كثافة الأيونات[15] بتلك الطبقة كما بشكل 19.

- $S_{\text{heat ellipsoid in thermosphere}}$ هي متوسط درجة الحرارة في منطقة الثرموسفير وقد عبرت عنها بمجسم القطاع الناقص (ellipsoid) بنصفي قطر يناهز 400 و 1,650 كيلومتر (أي ما يوازي مساحة أضعف بقعة مغناطيسية أو 24 ميكرو تيلسا) وعمق 100 كيلومتر (حيث تسكن البروتونات الآتية من الشمس) ويتم حساب مساحة سطح ذلك المجسم كما يلي $S = 4\pi\,[(a^p\,b^p + a^p\,c^p + b^p\,c^p)/3]^{1/p}$ حيث تبلغ قيمة p=1.6075 كيلومتر وقيمة a=400 و b=1,650 كيلومتر و c=100 كيلومتر.

- $S_{\text{heat ellipsoid reaching Earth surface}}$ هي الكثافة الإشعاعية الواصلة لسطح الأرض من تأثير الطاقة الإشعاعية الآتية من قلب طبقة الثرموسفير وقد

---

[14] http://www.physicalgeography.net/fundamentals/7j.html
[15] http://ccmc.gsfc.nasa.gov/models/modelinfo.php?model=CTIPe

عبرت عنها بمسطح نصف الكرة الأرضية أي ½ πr^2 حيث يبلغ نصف قطر الأرض 6,000 كيلومتر.

وبتطبيق المعادلة نجد أن كثافة الطاقة الإشعاعية الواصلة من طبقة الثرموسفير لطبقة التروبوسفير وسطح الأرض تصل إلى 2,534 وات/متر^2. أو بمعنى أخر تبلغ شدة الطاقة الإشعاعية الواصلة لسطح الأرض من طبقة الثرموسفير 1.8 ضعف تلك الطاقة الإشعاعية المباشرة الآتية من الشمس وذلك بفضل تصادم البروتونات القادمة من الشمس مع بعضها البعض بطبقة الثرموسفير.

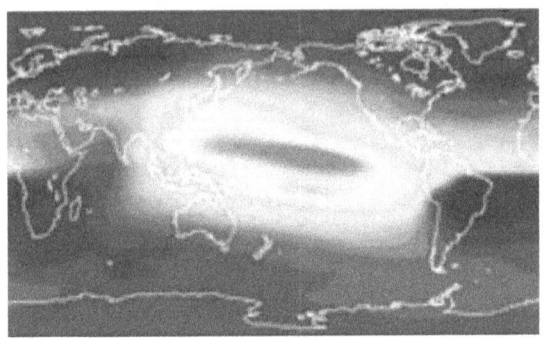

شكل 19- خريطة درجات الحرارة بطبقة الثرموسفير

وتتدني قراءة ميزان الحرارة المعتاد لدرجة حرارة الثرموسفير فتصل 0 درجة مئوية أو (32 فهرنهيت) نظراً لتدني كثافة الهواء بطبقة الثرموسفير وبالتالي ضعف إنتقال الحرارة بالتوصيل (Conduction) عكس شدة إنتقال الحرارة بالإشعاع (Radiation) تفسيراً لما سبق.

الإنبعاث الحراري والتبادل المناخى وحيث أن الشمس تقذف بجسيمات مشحونة كتلك البروتونات التى يحتجزها الغلاف المغناطيسى فتتبع مسارات حلزونية حول خطوط مجال القوى المغناطيسية كما بالشكل 20. وتختلف مساراتها طولاً تبعاً لكثافة المجال المغناطيسى وبينما يُستهلك البعض عند تصادمه مع جزيئات الهواء عند موضع القطب المغناطيسى مكوناً هالات الأورورا يتأرجح البعض الأخر ذهاباً وإياباً بين القطبين

المغناطيسيين[16] فتزداد فرص التصادم بين تلك البروتونات ببعضها البعض بطبقة الثرموسفير وبالتالي إنبعاث الطاقة الإشعاعية والتى تكثر حدتها عند منتصف المسافة بين القطبين المغناطيسيين كما تقدم وهكذا يظل خط الإستواء المغناطيسى الأعلى حرارة على مدار العام. ونحن نوصف وقت الظهيرة أي تعامد الشمس وبالتالي المجسم الحراري لطبقة الثرموسفير على بقعة معينة (س) على سطح الأرض بدرجة الحرارة العظمى وتتضاءل حدة تلك الطاقة الإشعاعية مع دوران الأرض وعدم إستمرار وصول جسيمات مشحونة فوق تلك البقعة (س) فينخفض معدل التصادم بين البروتونات وبعضها البعض تدريجياً مما يفسر عدم الإنخفاض مفاجئ

موضع إرتداد بعضاً من البروتونات
مسار البروتونات
خط القوة
المغناطيسية

شكل 20- مسار البروتونات

للحرارة حتى بعد غروب الشمس. ولو لم يكن هناك مجال مغناطيسي يلف الأرض ويحجز البروتونات لبلغت الحرارة على الأرض مثيلتها بالقمر حيث كانت ستصل 123 درجة مئوية نهاراً و–233 درجة مئوية ليلاً .وبسبب ضعف المجال المغناطيسي بالنصف الغربي للأرض كما أشرت سابقاً تزداد مسافة حركة البروتونات في مسارها الحلزوني حول خطوط القوى المغناطيسية ذهاباً وإياباً بين القطبين المغناطيسيين وبالتالي إزدياد فرصة تصادم تلك البروتونات وبعضها البعض توليداً لطاقة حرارية أكبر وإحتراراً لسطح الأرض أو كما نطلق عليه مصطلح '**الإنبعاث الحراري**' أو Global Warming. كما يتسبب أي تغيُّر ملحوظ لموقعي القطبين المغناطيسيين في إلتفاف المجال المغناطيسي وتغيُّر خارطة الطاقة الإشعاعية القادمة لسطح الأرض من طبقة الثرموسفير وحدوث تغيُّر ملموس لدرجات الحرارة التي نعهدها فبعض المناطق

[16] http://www-spof.gsfc.nasa.gov/Education/Iradbelt.html

تزداد حرارةً والبعض الآخر تزداد برودةً أو كما أفضل أن أطلق عليه مصطلح **'التبادل المناخي'** أو Climate Exchange. ولن يثبت المناخ أو بمعنى أخر الأحزمة الحرارية إلا بعد ثبات القطبين المغناطيسيين وقلة تجوالهم على سطح الأرض. وحيث أن المدارات الحرارية هي خطوط وهمية نسترشد بها لرسم خارطة توزيع الحرارة على أرض هذا الكوكب وهي في مجملها مدارات تتعامد على الخط الواصل بين القطبين المغناطيسيّين فتلتف هذه المدارات لتظل متعامدة على الخط الواصل بين الموقعين الجديدين للقطبين المغناطيسيّين.

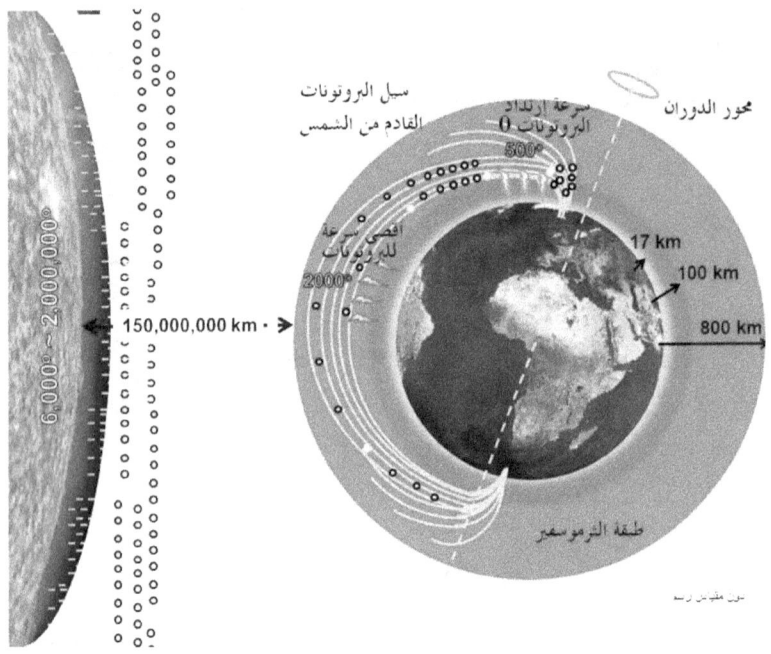

الشكل 21- الطاقة الحرارية النابعة من طبقة الثرموسفير

إن الدراسة التي سبق الإشارة إليها في فقرة **الأقطاب الجوالة** بهذا الفصل تثبت تتبع المدارات الحرارية لحركة القطب المغناطيسي حيث تمتعت المنطقة العربية في عام 950 بعد الميلاد بمناخ ومدار حراري بارد مثل المناخ الذي تتمتع به شبه القارة الأوروبية في وقتنا الراهن نتيجة لإختلاف موقع القطب

المغناطيسي في الشمال الجغرافي بين الزمانين كما بالشكل 22 وبالتالي فإن أي تغير قادم في موقعي القطبين المغناطيسيين سيحمل في طياته تغير كامل لدرجات الحرارة على سطح الأرض بحيث يتسبب ضعف المجال المغناطيسي في إزدياد الحرارة والغازات الدفيئة ويتسبب إلتفاف الأحزمة الحراري التي تتخذ من القطب المغناطيسي مركزا لها في إنقلاب المناخ ، فالمناخ البارد ينقلب حاراً والعكس صحيح.

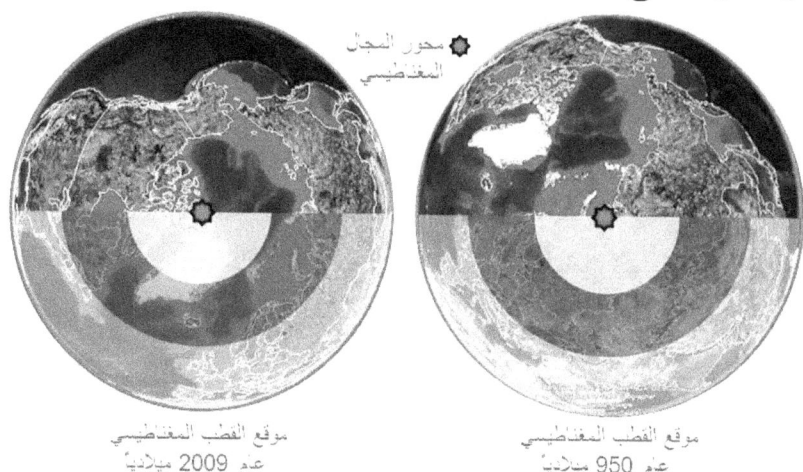

الشكل 22- مقارنة موقع المدارات الحرارية بين الزمنين

وعند التدبر نجد العديد من العواقب قد نشأت بسبب تحرك القطبين المغناطيسيين شرقاً. فعلى مدى 100 عام الماضية إبتعد القطبين المغاطيسسين ما يقارب 800 كم (500 ميل) مما تسبب بضعف شدة المجال المغناطيسي في منتصف المسافة بين القطبين المغناطيسيين بالنصف الغربي للكرة الأرضية أو ما أطلق عليه العلماء "شذوذ جنوب الأطلنطي" أو South Atlantic Anomaly . ويتغلغل سيل البروتونات القادمة من الشمس بطاقة حركة عالية بكميات أكبر من خلال المجال المغناطيسي الآخذ بالضعف في نصف الكرة الغربي ويشمل المحيط الأطلنطي والمحيط الجنوبي والأمريكيتين ويؤدي ذلك إلى إزدياد درجة حرارة المياه وبالذات على حواف المحيطات. ومن خصائص الطبيعة أن تتعايش ميكروبات بحرية بقيعان المحيطات حتى عمق 500 متر (800 قدم) على المخلفات العضوية وتحللها مما ينتج عنها غاز الميثان. ولكن

تحت ضغط المياه وبرودة الأعماق تتجمع جزيئات المياه وتبني غلالة شبه ثلجية حول ذرات الميثان مكونةً هيدرات الميثان ورمزها الكيميائي CH_4 والتي يزمع العلماء أن مخزونها الحالي يعادل 1,000 ضعف جميع إستهلاكات الطاقة المستفذة سنويا من جانب البشر على سطح الأرض. وعلى هذا فإن إزدياد درجة حرارة المياه تتسبب في تحرر غاز الميثان من غلالات المياه المتجمدة حولها وتنطلق تلك الجزيئات في المياه صعوداً للهواء لتقابل ذرات الأكسيجين O_2 مكونةً لجزيئات ثاني أكسيد الكربون CO_2 وجزيئات بخار الماء H_2O. وللأسف لم يتم قياس كميات ثاني أكسيد الكربون الناجمة عن تحرر الميثان إلا بمواضع قليلة. ولي أن أطالب الباحثين بالمثابرة على تلك القياسات ومراجعة أغلبية العلماء والذين يعتقدون أن إزدياد الغازات الدفيئة بالجو هو من فعل البشر وإزدياد المخلفات الصناعية والحضارية! فخير دليل على أن التغيّر المناخي بفعل عدة عوامل طبيعية أكثر من العوامل البشرية هو إزدياد الطاقة المدمرة للرياح والأعاصير بعد إزدياد كم بخار الماء بالجو نتيجة لإزدياد تحرر غاز الميثان على حواف المحيطات الآخذة في الإحترار. وعلى ذلك أُلخّص الفرق بين "الإنبعاث الحراري" و"التبادل المناخي" كما يلي:

الإنبعاث الحراري

تبلغ درجة الحرارة في طبقة الثرموسفير من الغلاف الجوي 1,700 درجة مئوية في منتصف المسافة بين القطبين المغناطيسيين و 180 درجة مئوية أعلى القطبين المغناطيسيين. وقد قلّت كثافة المجال المغناطيسي بنصف الكرة الغربي 10% في المتوسط مابين عامي 1850 و2000 وزادت قلة كثافته خلال عشر سنوات لاحقة بمتوسط 5% نتيجة حركة القطبين المغناطيسيين شرقاً في آن واحد. وقد وجدت البروتونات الآتية من الشمس في نصف الكرة الغربي متسعاً أكبر للحركة حول خطوط المجال

التبادل المناخي

تتبع الأحزمة الحرارية على سطح الأرض درجة الحرارة في طبقة الثرموسفير. فالحزام القطبي يقع أسفل أدنى درجة حرارة بطبقة الثرموسفير والحزام الأستوائي يقع أسفل أعلى درجة حرارة بطبقة الثرموسفير. فكلما أقتربت من أي من

المغناطيسي نتيجة قلة كثافته مما أدى لزيادة فرص تصادمها ببعضها البعض وبالتالي زيادة الطاقة الإشعاعية المتولّدة عن تصادمهم أثناء ترددهم ذهاباً وإياباً بين القطبين المغناطيسيين. كما أنه لإزدياد قلة الكثافة من جراء إستمرار حركة القطبين المغناطيسيين شرقاً أصبح بالإمكان لبعض البروتونات التغلغل من خلال خطوط المجال المغناطيسي لتصل سطح الأرض بسرعات عالية ونتيجة إصطدامها بمياه المحيطات وتحرر كم أكبر من غاز الميثان ليمتص ذرات الأكسيجين من الهواء منتجاً جزيئات ثاني أكسيد الكربون وبخار الماء وكلاهما من الغازات الدفيئة التي تزيد من إحتباس الحرارة داخل الغلاف الجوي وتمنع خروجها للفضاء وبالتالي إزدياد الإنبعاث الحراري.

القطبين المغناطيسيين قلت درجة الحرارة والعكس صحيح. ومن جراء تزايد سرعة حركة القطب المغناطيسي القابع في شمال الكرة الأرضية من كندا إلى سيبريا يلتف المجال المغناطيسي المغلف للأرض وبالتالي الخريطة الحرارية لطبقة الثرموسفير مؤدية إلى تبادل مناخي حيث تتبع درجة الحرارة على سطح الأرض تلك الحرارة القابعة في طبقة الثرموسفير أعلاها .

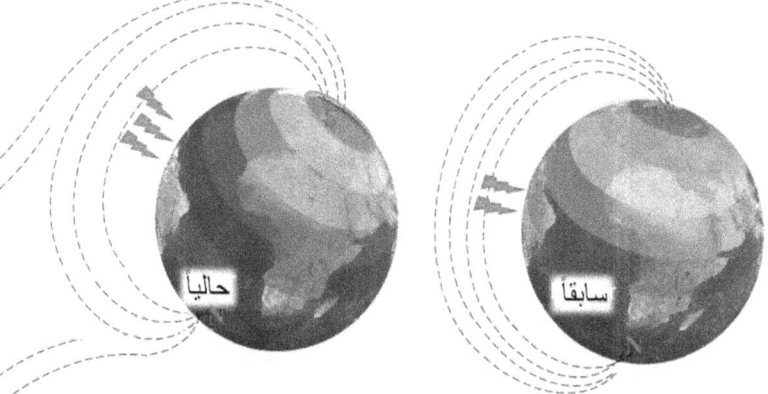

الشكل 23- تتخذ الأحزمة الحرارية من القطب المغناطيس الأقرب مركزاً لها

ولا يعتقد معظم العلماء أن مصدر المغناطيسية التي تغطي كوكب الأرض هو مغناطيس دائم بل هو مجال مغناطيسي متولد من جراء الإلكترونات المتدفقة من النواة الداخلية خلال مساراتها الحلزونية داخل النواة الخارجية السائلة.

ولكن ذلك لا يفسر سبب إتجاه القطبين المغناطيسيين شرقاً كما لا يفسر ظهور مجالات مغناطيسية معاكسة للقطب المغناطيسي في القارة القطبية الجنوبية منذ ما يقارب 10,000 سنة. ويعتقد بعض العلماء أن سديم المجموعة الشمسية بدأ في التجمع في كتل صخرية بفعل قوة الجاذبية فيما بينها فبدأت تلك التجمعات في الإنسحاق والتصادم ببعضها البعض مما أكسبها قوة عزم جعلتها تلتف حول محورها وإستمرت في النمو والدوران نتيجة غياب أي قوة إحتكاك بالفضاء وأن لتلك التكوينات والتي أصبحت كواكباً لو قدر لها أن تتوقف لأي سبب فلن تستطيع الدوران حول محورها مرة أخرى. ولكن مثل هذه الفرضية لا تفسر إختلال سرعة دوران الأرض حول محورها زيادة ونقصانا بمقياس عدة ميللي ثانيات يومياً على مدى الأربعمائة عام مضت منذ بدء القياس. والبعض الأخر من العلماء يؤمن بحدوث تصادم كوني بين كوكب الأرض وكوكب أخر يسمونه "ثيا" مما أدى لبدء دوران الأرض حول محورها وتكوين غبار صخري الذي تجمع على مر الزمن ليكون القمر. ولكن إذا كانت الفرضية السابقة سليمة فلمَ لا يلتف القمر حول محوره مثل الأرض والكواكب الأخرى.

المجال المغناطيسي يتأتي من الأقطاب الأحادية المغناطيسية والتي تعني المواد أو الجزيئات ذات خاصية جذب مغناطيسي شمالي أو جنوبي أو بمعنى آخر تمتُّعها بشحنة مغناطيسية كما هو الحال عندما نوصف الشحنة الكهربية (Boothroyd, 2009) . وهناك نظرية تدّعي أن القطب الأحادي المغناطيسية هو في الواقع جزئ فوتون ذو ذبذبة معيّنة (Ng, 2002) . وتتولّد الأقطاب المغناطيسية نتيجة الإهتزاز الزائد للإلكترونات في إتجاه عكس الإتجاه التي تهتز فيه الإلكترونات المتكافئة في أزواج الإلكترونات القابعة في الهيكل الإنشائي للمعدن. ولقد شرح روجر بنروز في كتابه 'العقل الجديد للإمبراطور' *The Emperor's New Mind* أن إتجاه حركة الفوتون تخضع لمعادلة "إزدواجية الكيان" فلا يستطيع المرء على وجه اليقين تأكيد إن كان الفوتون جسيم أو موجة تتواجد في عدة أمكنة في آن واحد وتماثل حركة الفوتون المسبّب لخطوط القوى المغناطيسية الحلزونية (Penrose &

(Gardner, 2002). وهكذا نستطيع أن نتصور أن الجاذبية المغناطيسية بين قضيبين مغناطيسيّين تنشأ عن مجموعة فوتونات تتحرك حلزونياً فإذا كان إتجاه الحركة موجباً كانت هناك قوة جذب بين القضيبين أما إذا كان إتجاه الحركة سالباً كانت هناك قوة طرد بين القضيبين المغناطيسيين. ومن المتعارف عليه أن قوة الجاذبية تنشأ نتيجة تبادل جسيمات بين المواد أو القضيبين المغناطيسيّين في ذلك المثال. وتخضع جسيمات الفوتونات لمعادلة أينشتين $E = mc^2$ حيث 'E' هي الطاقة و'm' تعبر عن كتلة الجسيم و 'c' هي سرعة الضوء. ويتأرجح الفوتون بين كونه جُسيم أو موجة وتمثل نظرية "إزدواجية الكيان" الحجر الأساسي في علم فيزياء الكمّ وهو العلم الذي يتناول ويوصف معادلات الحركة للأجسام المتناهية في الصغر مثل الفوتونات وعلاقة الطاقة والمادة والتي تعجز عن وصفها معادلات الحركة التقليدية والتي تصف حركة الأجسام الكبيرة كما أسهبنا بالفصل الأول. وتضع معادلة بلانك الحجر الأساسي في معادلات فيزياء الكمّ وتنص على أن طاقة الفوتون تتناسب وسرعة تذبذبه أي $E = hf$ حيث 'E' هي الطاقة و'h' هو ثابت بلانك و'f' هي سرعة ذبذبة الفوتون. وليس فقط لأنه كانت تربطهما علاقة عمل وصداقة ولكن بوضع معادلتي إينشتين وبلانك سوياً يتضح أن كتلة الفوتون تتناسب وسرعة ذبذبته حيث أن $E = mc^2 = hf$ أي أنه كلما زادت سرعة ذبذبة الفوتون كلما زادت كتلته. وحيث القوة تنشأ عن حركة الكتلة بسرعة متزايدة كما ينص قانون نيوتن الثاني للحركة $F = ma$ حيث 'F' هي القوة و'm' هي الكتلة و'a' هي معدل تغيُّر السرعة مع الزمن فإننا نجد أنه كلما زادت ذبذبة وسرعة الفوتونات كلما زادت القوة بين قضيبين مغناطيسيّين وإذا كانت كبيرة بما يكفي تستطيع هذه القوة تحريك أيٍ من أو كلى القضيبين من محليهما. ولكن من أين ينبع مجال القوى المغناطيسية المغلف للأرض؟

المجال المتولّد المغناطيسي ذو القطبين الجنوبيين. قد يترأى للجميع العديد من المشاهدات التي تبدو للوهلة الأولى متفرقة ولكنها عند الأمعان تظهر متجانسة ومستمرة كما في حركة القطبين المغناطيسيين شرقاً في آن

واحد بحيث بعدت المسافة بينهما إذا قيست بنصف الكرة الغربي ما يقرب من 800 كم (500 ميل) منذ عام 1900 للحين. كما بدأت في الظهور قبل عشرة آلاف عام خطوط قوى مغناطيسية مخالفة للقطب المغناطيسي بالقارة القطبية الجنوبية. ناهيك عن أنه في فترة 27 عام بالزمن الحالي بطئت حركة إلتفاف كوكب زحل حول محورة والتي تبلغ 11 ساعة و39 دقيقة بثمان دقائق وأيضا بطئت حركة إلتفاف كوكب الزهرة حول محره والبالغة 243 يوم بمقياس أيام كوكب الأرض في نفس الفترة بست دقائق ، وأخيراً وليس آخراً هو إلتفاف كوكبي الزهرة وأورانوس حول محوريهما في عكس إتجاه إلتفاف كواكب المجموعة الشمسية الأخرى.

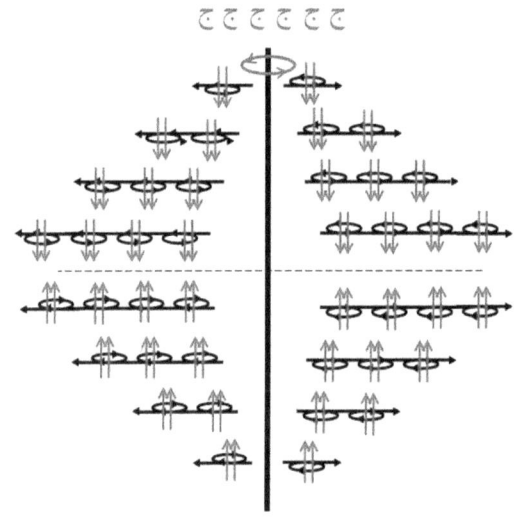

الشكل 24- حركة الإلكترونات بالنصف العلوي والسفلي بالنواة الخارجية تولد مجالي مغناطيسيين يبدوان جنوبي القطبية عند سطح الأرض

إن قانون نيوتن للحركة قد تم صياغته وإثباته من واقع المشاهدة من نفس مستوى المرجع الحائز لتلك الأجسام المتحركة. فتظل الأجسام المتحركة على نفس حركتها ما لم تؤثر عليها قوى أخرى تُغيّر من حركتها أو تظل ثابتةً ما لم تؤثر عليها قوى أخرى تُحركها. ولكن عند ترجمة قانون نيوتن للحركة داخل إطار مرجع دوّار مثل القرص أو الكرة تظهر لنا قوى جديدة يطلق عليها

إسم قوة كوريوليس جنباً إلى جنب وقوة الطرد المركزية للأجسام الكروية. وتؤثر قوة كوريوليس على الجسيمات في الإتجاه العمودي على محور حركة القرص أو الجسم الكروي الحائز لتلك الجسيمات وتتناسب تلك القوة مع سرعة دوران ذلك القرص أو الجسم الكروي. ونحن نعلم أن النواة الداخلية بباطن الأرض تنفصل عن بقية الكوكب بواسطة النواة الخارجية السائلة عالية الكثافة قليلة اللدانة ذات التوصيل الكهربي الجيد. وينتج عن النظائر المشعة بالنواة الداخلية حرارة عاتية وإلكترونات حرة تنتقل بالتوصيل المباشر إلى طبقة المانتل مروراً بالنواة الخارجية. وليس فقط لأن الإلكترونات تفضل التدفق في إتجاه القطر الأطول للنواة الخارجية حيث تقل فيها المقاومة الكهربية عن طبقة المانتل الداخلي ولكن أخذاً بنظرية كوريوليس في الإعتبار نجد إن الإلكترونات السابحة في النواة الخارجية تتخذ المسار العمودي على محور دوران الأرض. وبفعل تتبُّع النواة الخارجية لدوران كوكب الأرض يتولّد مجال مغناطيسي من حركة تلك الإلكترونات . ولكن كيف وبأي إتجاه ؟

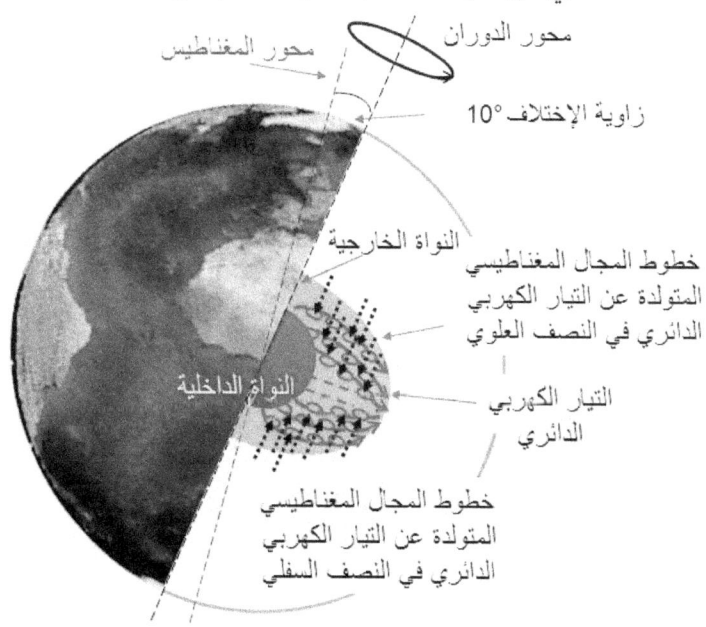

الشكل 25- زاوية الإختلاف بين المجال المغناطيسي ومحور الدوران تؤكد عدم نشأة المجال المغناطيسي للأرض بفعل النواة الخارجية كما هو مُعتقد

نحن نعلم أنه إذا تحركت جسيمات في خط مستقيم داخل سائل دوّار فللناظر عن بعد ومن مستوى ثابت أن يلحظ مسار حلزوني لتلك الجسيمات. ومن قواعد الكهرومغناطيسية أنه تنشأ خطوط قوى مغناطيسية تتعامد على المسار الحلزوني للإلكترونات والتي بدورها وكما سبق تتعامد على محور الدوران. أي أن الخطوط المغناطيسية المتولّدة تتوازى ومحور الدوران. وبالتالي ينشأ مجال مغناطيسي من مجموع الخطوط المغناطيسية المتولّدة من دوائر التيارات الإلكترونية على التوازي ومحور دوران الأرض كما بشكل 25.
ولكن إذا كان مصدر المغناطيسية الأرضيه كما يدّعى العلماء هو تيار الإلكترونات المار في النواة الخارجية فطبقاً لقانون كوريوليس يتحتم أن تتوازى خطوط المجال المغناطيسي الناتج ومحور دوران الأرض فلماذا إذاً تتواجد زاوية إختلاف حالية تبلغ °10 بين محصلة المجال المغناطيسي أو محوره ومحور دوران الأرض عند الدائرة القطبية الشمالية وكذلك تبلغ °23 عند قارة أنتاركتيكا حالياً؟ كما أنها تتغيّر بفعل تجوال القطبين المستمر!
ونعود لنظرية كوريوليس والتي وضعت في عام 1835 فنجد أنه تخضع الأجسام حرة الحركة مثل الرياح والمياه لقوة كوريوليس ففي أثناء تدفقها على سطح نصف الكرة الأرضية الشمالي تدور هذه الأجسام أثناء حركتها عكس إتجاه حركة عقارب الساعة كما أنها أثناء تدفقها على سطح نصف الكرة الأرضية الجنوبي تدور في إتجاه حركة عقارب الساعة وتستمر مسيرتها شرقاً أو غرباً دون أي ميل على مستوى خط الإستواء. وتدلّل على ذلك العديد من الأمثلة مثل حركة الدوامات الهوائية والمائية. ويتذكر البعض من قاطني نصف الكرة الشمالي دهشتهم حين زارو بعض بلدان نصف الكرة الجنوبي ولاحظوا الإتجاه العكسي لدوامة المياه أثناء تسربها للبالوعة عما إعتادوا عليه في بلدانهم بنصف الكرة الشمالي. وتتأثر الأعاصير الدوامة بنفس نظرية كوريوليس الذي عند تطبيقها على الإلكترونات المتدفقة في النصف العلوي من النواة الخارجية نجد تحرك التيارات الكهربية الموجبة في دوائر حلزونية في إتجاه حركة عقارب الساعة أي عكس حركة الإلكترونات السالبة وذلك على العكس من إتجاه التيارات الكهربية الموجبة في الدوائر الحلزونية في النصف السفلي من النواة الخارجية. وعلى هذا ينشأ مجال قوى مغناطيسية

في كلٍ من نصفي النواة الخارجية العلوي والسفلي ويعمل كل مجال بمعزل عن الآخر ويماثل أيهما عمل قضيب مغناطيسي أحادي القطبين وفي إتجاه معاكس الواحد للآخر أي أن كل منهما يبدو ذي مغناطيسية جنوبية القطبية على سطح الأرض كما بالشكل 25.

النواة الداخلية للأرض لها خاصية مغناطيسية وأخرى إشعاعية.

نحن نعلم أن النواة الداخلية في حالة إنشطار مستمر مولدةً لطاقة حرارية والكترونات تسبح بالنواة الخارجية كما سبق الشرح. وحيث أنها في حالة لينة فإن حركة الإلكترونات داخلها تتبع قاعدة كوريوليس وتسير في مسارات عمودية على محور الدوران تبلغ من الطول نصف قطر النواة الداخلية البالغ 1,220 كم (763 ميل) أو في إتجاه شرق-غرب إن جاز التعبير. ولقد قدمت جامعة إلينوي[17] بالتعاون مع جامعة نانينج بحثاً لخصوا منه أن النواة الداخلية للأرض تتكون من طبقتين. وأن كريستالات الجزء الخارجي من النواة الداخلية تتآلف في إتجاه شمال-جنوب مما يعني أنها تتكون من سبيكة حديد وكوبالت دائم المغناطيسية.وأن كريستالات الجزء الداخلي من النواة الداخلية تتآلف في إتجاه شرق-غرب مما يعني أنها لا تقتني أية قوى مغناطيسية وأن ترتيب كريستالاتها يتم بفعل تيار الإلكترونات المتدفق من ذلك الجزء من النواه الداخلية كونه مشعاً وتحت تأثير قوة كوريوليس أي في إتجاه عمودي على محور الدوران. وبالتمعن في تفاعل الإلكترونات السابحة مع خطوط القوى المغناطيسية الناشئة من الجزء الخارجي للنواة الداخلية عند الغلاف الحدودي بين شطري النواة الداخلية نجد تولد قوة لورنتس والتي بفعل إتجاهات الإلكترونات وخطوط القوى المغناطيسية القائمة تؤثر في إتجاه عكس عقارب الساعة طبقاً لقاعدة اليد اليسرى من قوانين الكهرومغناطيسية. مثل تلك القوى تدفع بشطري النواة الداخلية للدوران حول محوريهما كجسد واحد. وفي عام 2011 أعلن فريق من الباحثين بجامعة

[17] https://news.illinois.edu/view/6367/204421

كمبريدج أن النواة الداخلية للأرض تلتف حول محورها بسرعة أكبر من باقي طبقات الأرض.

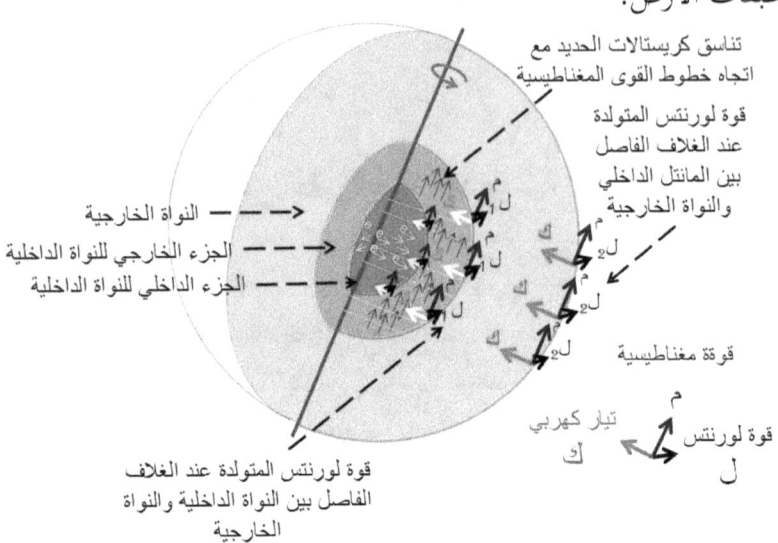

تناسق كريستالات الحديد مع اتجاه خطوط القوى المغناطيسية
قوة لورنتس المتولدة عند الغلاف الفاصل بين المانتل الداخلي والنواة الخارجية
النواة الخارجية
الجزء الخارجي للنواة الداخلية
الجزء الداخلي للنواة الداخلية
قوة مغناطيسية
م
تيار كهربي
ك
قوة لورنتس
ل
قوة لورنتس المتولدة عند الغلاف الفاصل بين النواة الداخلية والنواة الخارجية

شكل 26- مجال مغناطيسي دائم في الشطر الخارجي النواة الداخلية

وأفسر ذلك كما بشكل 26 بأن القوى المغناطيسية عند حافة النواة الداخلية قرب منبع المجال المغناطيسي تكون أقوى من تلك عند المانتل الداخلي حيث أنها تبعد عن منبع المجال المغناطيسي الدائم بمقدار 3,470 كم (2,169 ميل). وبتفاعل القوى المغناطيسية مع قوي تيار الإكترونات تتولد قوة لورنتس وتكون أكبر عند النواة الداخلية عنها عند المانتل الداخلي. وحيث أن كتلة النواة الداخلية أقل من كتلة المانتل الداخلي وباقي طبقات الأرض فإن حركة دوران النواة الداخلية تصبح أسرع إلتفافاً[18] من المانتل الداخلي وباقي طبقات الأرض كما يدلل بحثاً لجامعة كمبردج في عام 2011 بمعدل درجة واحدة كل مليون عام. وتصبح كتلة النواة الخارجية حبيسة بين حركتي النواة الداخلية والمانتل الداخلي فتتحرك هي الأخرى إلتفافاً حول محور دوران الأرض بفعل قوى الإحتكاك.

[18] https://phys.org/news/2011-02-earth-core-rotating-faster-rest.html

إنقلاب الحقل المغناطيسي. يدلل العلماء على أن ظهور مجال مغناطيسي جنوبي القطبية في القارة القطبية الجنوبية جنباً إلى جنب مع القطب المغناطيسي شمالي القطبية هناك هو دلالة على قرب إنقلاب الحقل المغناطيسي فيسير القطب شمالي القطبية نحو الدائرة القطبية الشمالية (أركتيك) و يسير القطب جنوبي القطبية نحو القارة القطبية الجنوبية (أنتارتيكا) ولكن مثل هذا الإعتقاد لا يقوم على أسس سليمة أو تفسير منطقي ولكنه مجرد ظن من العلماء ! وهنا أقوم بتفسير تلك الظاهرة على أسس جيولوجية معتمدة وإكتشافات فيزيائية ونظريات كما تقدم. فكما تتغير سرعة التيار الإلكتروني عبر مسيرته من النواة الداخلية حتى المانتل أي

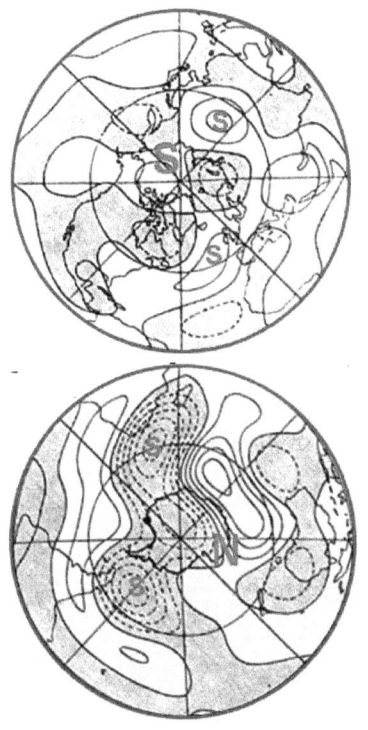

مسافة 2,200 كم (1,367 ميل) فإن شدة المجال المغناطيسي المتولّد تتغير أيضاً ونلحظها على حول القطبين الجغرافيين في منطقة المسقط الجغرافي الأفقي للنواة الخارجية على سطح الأرض. وتدل الخطوط كما بالشكل 27 على معدل تغيُّر شدة المجال المغناطيسي في شمال وجنوب الكرة الأرضية (GIRIJA RAJARAM, 2002) فالخط الدائم يدل على زيادة القوة المغناطيسية والخط المتقطع يدل على نقصان القوة المغناطيسية. وحيث تضعف القوة المغناطيسية بجنوب الكرة الأرضية نرى وجود بعض المساحات حيث تنعكس خطوط قوى المجال المغناطيسي فتدخل الأرض بدلاً من أن تخرج منها ونرى تلك المساحات العكسية وقد إستشرت جنوباً في

الشكل 27- إنعكاس المجال المغناطيسي في بعض مناطق أنتارتيكا

معظم قارة أنتارتيكا بل وإمتدت حتى جنوب قارة أمريكا الجنوبية وجنوب أفريقيا وكان أن قدرت بعثة المعهد الهندي للجيومغناطيسية بكولابا بمومباي تلك الظاهرة بعشرة آلاف سنة. مما يعني أنه قبل عشرة آلاف سنه لم تكن سرعة إلتفاف الأرض حول محورها كاف لدفع الإلكترونات السابحة بالنواة الخارجية على إتخاذ مسار حلزوني وإنتاج قوى مغناطيسية جنوبية القطبية وفقاً لقاعدة اليد اليمنى للكهرومغناطيسية في الشمال والجنوب بمحازاة المسقط الجغرافي للنواة الخارجية.

ملخص المغناطيسية الأرضية . فمما سبق وكما الشكل 28 أستخلص تصوّراً جديداً لحل لُغز مغناطيسية الأرض وهو أن باطن الكرة الأرضية به ثلاث مغناطيسات: إثنان منهما يتولدان بفعل تيار الإلكترونات السابح في النواة الخارجية ويأخذان الشكل الأسطواني ويتم قياسهما كمساحات مغناطيسية جنوبية القطبية على كل من سطحي الأرض بالشمال والجنوب عند المسقط الجغرافي للنواة الخارجي والثالث هو مغناطيس دائم ثنائي القطبين وتحتويه النواة الداخلية والذي أيضا يتسبب بدوران الأرض حول محورها بسرعات مختلفة كما سنرى بالتفصيل في الفقرة القادمة ويبرر كيف أن

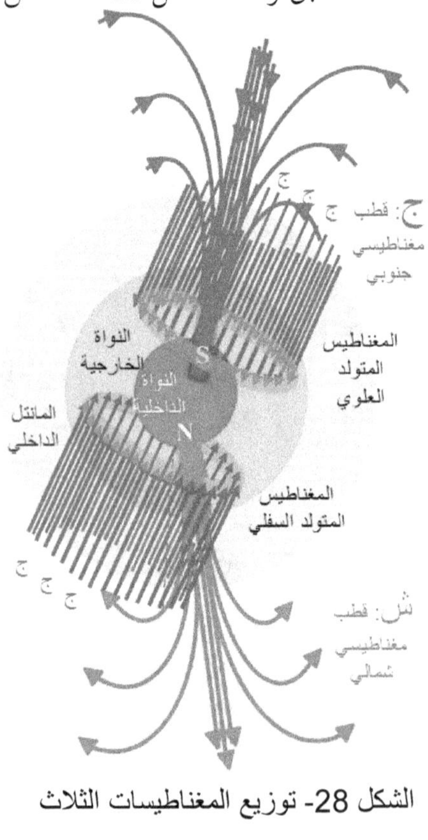

الشكل 28- توزيع المغناطيسات الثلاث

سرعة إلتفاف كوكب الأرض حول محوره كانت أبطأ من الحين بدلالة عدم ظهور آثار مجال مغناطيسي جنوبي القطبية إلا بدءاً من عشرة آلاف سنه فقط بالقارة القطبية الجنوبية.

ما الذي يدفع الأرض للدوران حول محورها. نتذكر ما تعلمناه بالمدرسة من أن الحركة في أي مولد حركة أو موتور تأتي من فعل "قوة لورنتس" التي تنشأ نتيجة مرور تيار كهربي في سلك يقع تحت تأثير مجال مغناطيسي وتتناسب تلك الحركة وشدة التيار الكهربي وقوة المجال المغناطيسي. وتحدد قاعدة اليد اليسرى كما بالشكل 29 الإتجاهات ؛ فالقوة تتولد في إتجاه الإبهام إذا كان المجال المغناطيسي يمر في إتجاه السبابة والتيار الكهربي يمر في إتجاه بقية الأصابع أي أن الثلاث إتجاهات تتعامد على بعضها البعض. وكما أن قوى المجال المغناطيسي الصادر من النواة الداخلية

تشير إلى الشمال وكانت جسيمات تلك الإلكترونات السالبة تتدفق في إتجاه عمودي على محور الدوران عملاً بنظرية كوريوليس مما يعني تياراً موجبا في الإتجاه العكسي فإنه وبتطبيق قاعدة اليد اليسرى للكهرومغناطيسية على محيط المانتل الداخلي كما هو موضح بالشكل

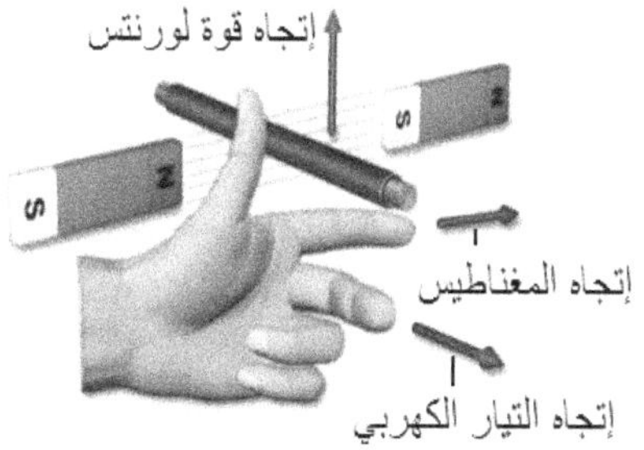

الشكل 29- قاعدة اليد اليسرى

31 تنشأ قوة لورنتس بقيم شبه متساوية وفي إتجاهات زوجية معاكسة على محيط مماس المانتل الداخلي والنواة الخارجية مما يمثل عزماً يدفع ويستمر بدفع الكوكب على الدوران وهكذا تدور الأرض دورة كاملة حول محورها كل 86,400 ثانية في الوقت الراهن. ولكن ما الذي يؤدي إلى تغير سرعة دوران الأرض حول محورها؟ أو ماذا يحدث إذا لم تتعامد خطوط مجال القوى المغناطيسية الصادرة من النواة الداخلية مع التيار الكهربي للإلكترونات السابحة؟ أو تذبذبت زاوية الإختلاف بين مجال القوى المغناطيسية ومحور دوران الأرض زيادةً أو نقصاناً بفعل مؤثرات مغناطيسية خارجية على

مغناطيس النواة الداخلية؟ وللرد على تلك الأسئلة نستعين بعلم المثلثات Trigonomtry. فعند تأثير قوة في إتجاه ما يمكننا تحليلها أو تقسيمها كما لو كانت قوتان إحداهما في الإتجاه الأفقي والأخرى بالإتجاه العمودي للناظر بالإستعانة بزاوية تمام الجيب التي تقع بين إتجاه القوة والإتجاه العمودي. ويُحسب مقدار القوة في الإتجاه العمودي عن طريق حاصل ضرب مقدار القوة الأساسي في "جتا" أو جيب تمام الزاوية. وكما يتضح بشكل 30 فكلما قلّت"زاوية الإختلاف" كلما زاد مقدار القوة في الإتجاه العمودي والعكس صحيح. وكما أشرنا سابقاً تُوجد حالياً زاوية إختلاف تفصل بين مجال القوة المغناطيسية للأرض ومحور دورانها تبلغ $10°$. وتُحسب قيمة القوة المغناطيسية في إتجاه محور الدوران وهو الإتجاه الذي يتعامد على إتجاه تيار الإلكترونات بحاصل شدة التيار الكهربي ضرب القوة المغناطيسية للأرض ضرب جتا $10°$.وحيث أن النواة الداخلية للأرض حرة الحركة في الدوران والإلتفاف فقد تتغيّر زاوية الإختلاف عن $10°$ وهكذا يتغيّر مقدار القوة المغناطيسية في الإتجاه العمودي بالزيادة والنقصان مما يؤثر على قوة لورنتس وبالتالي عزم القوة اللازمة لدوران الأرض فكلما قلت قوة لورنتس قل عزم الدوران وبالتالي بطُئت سرعة دوران الكوكب حول محوره والعكس صحيح فكلما زادت قوة لورنتس زاد عزم الدوران وبالتالي إزدادت سرعة دوران الكوكب حول محوره. والجدير بالذكر أنه وعلى مدار 374 عاماً (أي منذ عام 1623 وحتى 1997) تم تتبع سرعة دوران الأرض (IERS, 2000). وخلال هذه السنين إتضح زيادة طول اليوم الواحد بمقدار جزئ من الثانية عن 86,400 ثانية في 41%

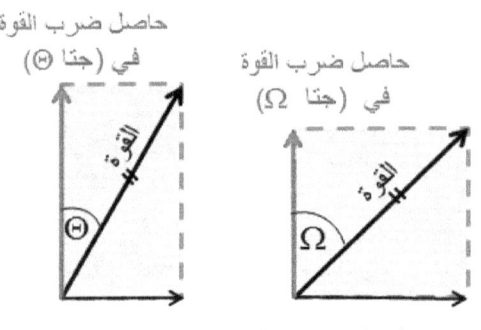

الشكل 30- يختلف مقدار القوة في الإتجاه العمودي ويتناسب عكسياً مع زاوية تمام الجيب

من القراءات وبالمقابل نقُصان طول اليوم الواحد بمقدار جزئ من الثانية عن 86,400 ثانية في 59% من القراءات. ومن هذا المنطلق نجد أنه من الضروري إجراء المزيد من البحث لتتبع حركة القطب المغناطيسي أو زاوية الإختلاف بين محور الدوران وإتجاه مجال القوى المغناطيسية جنباً إلى جنب وتغيُّر سرعة دوران الأرض من خلال الدراسات الجيولوجية في خلال العشرة آلاف سنة الماضية.

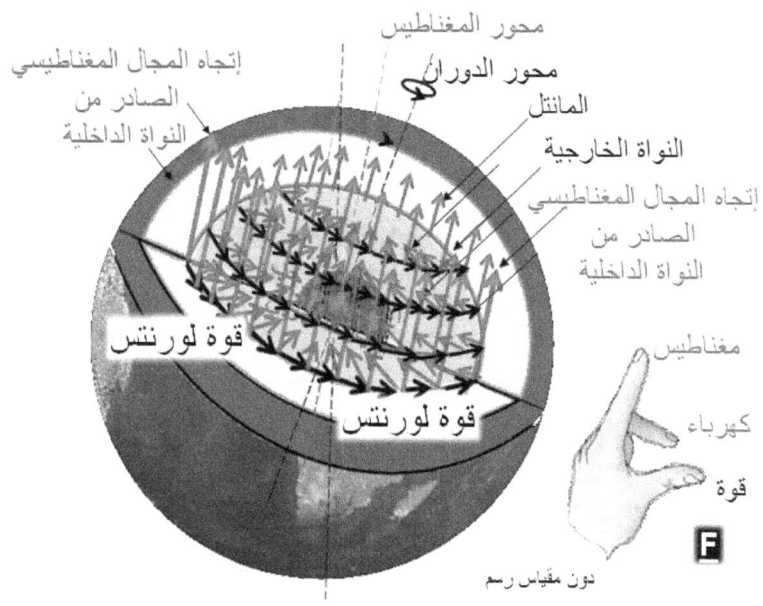

الشكل 31- العزم المتولّد طبقا لقاعدة اليد اليسرى يدفع الكوكب للدوران

الأرض تدور حول محورها بفعل قوة لورنتس وهذا بفعل تفاعل خطوط مجال مغناطيس النواة الداخلية مع التيار الإكتروني عند الطبقة الفاصلة بين المانتل والنواة الخارجية. وكان أن قام معهد كارنيجي للعلوم في واشنطون دي سي بعمل محاكاة[19] فيزيائية لخصائص طبقة المانتل الداخلي ومدى قدرتها على التوصيل الكهربي. فعلى 700,000 ضعف قوة الضغط الموجودة على المانتل الداخلي بمقارنتها بسطح الأرض وعند 1,600 درجة

---

[19] http://www.sciencemag.org/news/2012/01/electric-material-mantle-could-explain-earths-rotation

مئوية تحول أول أكسيد الحديد المكون لتلك الطبقة إلى معدن موصل جيد للكهرباء بل وأستمر توصيلة الجيد للكهرباء حتى عند درجة حرارة النواة الداخلية التي يحتويها أي 3,430 درجة مئوية بما يعني أن الطبقة الفاصلة بين المانتل الداخلي والنواة الخارجية هي موصل جيد للإلكترونات الواصلة إليها من النواة الخارجية. ومما سبق وجدنا أن مصدر المغناطيسية الأرضية التي نلمسها على سطح الأرض وتغلف الكوكب وتحميه من الجسيمات المشحونة الآتية من الشمس والأشعة الكونية هو النواة الداخلية لكوكب الأرض وأن الإلكترونات الصادرة من هذه النواة تتسبب في توليد تيارات كهربية في تتعامد على محور الدوران وتتداخل مع المكون العمودي للمغناطيس والمتغير زيادة ونقصاناً حسب زاوية إلتفاف قطبي القوى المغناطيسية لتولّد القوة اللازمة والتي تتشكل في أزواج من العزم عند الغلاف الفاصل بين المانتل الداخلي والنواة الخارجية لدفع الكوكب للدوران حول محوره كما بالشكل 31.

العام	الدائرة القطبية الشمالية				القارة القطبية الجنوبية			
	قوة المجال التقديرية نانو تسلا	قوة تقديرية للمجال المتولّد	قوة المجال المقاسة فعلياً	المسافة كم بين القطب المغناطيسي والجغرافي	قوة المجال التقديرية نانو تسلا	قوة تقديرية للمجال المتولّد	قوة المجال المقاسة فعلياً	المسافة كم بين القطب المغناطيسي والجغرافي
1900	58,301	2,819	61,120	2,168	71,578	2,403	69,175	2,025
2014	57,177	-	57,177	458	71,587	4,838	66,749	2,861

جدول 2- ضعف قوة المجال المغناطيسي بالدائرة القطبية الشمالية

ولكن ماذا لو إقترب جرم سماوي من خارج المجموعة الشمسية وكان هذا الجرم أو الكوكب ذي جاذبية مغناطيسية عالية ؟ من المؤكد أن التوازن المغناطيسي للمجموعة الشمسية والأرض سيتأثر وتخضع النواة الداخلية المغناطيسية لكوكب الأرض لقوى مغناطيسية جديدة من ذاك الكوكب مما قد ينشأ عنه تغيُّر زاوية الإختلاف التي تفصل محور دوران الأرض عن محور مجال القوى المغناطيسية. ليس هذا فقط بل إن بعض الخطوط المغناطيسية لن تكمل إلتفافها حول سطح الأرض بين القطبين المغناطيسيين نتيجة لقوى الجذب والخطوط المغناطيسية لذلك الكوكب. وقد درست تغير شدة القوى

المغناطيسية عند القطبين المغناطيسيين خلال مائة عام سابقة[20] [21] لأجد أن
2% من الخطوط المغناطيسية خرج من موقع القطب المغناطيسي شمالي البؤرة
بأنتارتيكا ولكنه لم يصل إلى موقع القطب المغناطيسي جنوبي البؤرة في المحيط
المتجمد الشمالي كما بجدول 2.

وطالت الأيام فحين تزيد زاوية الإختلاف تقل شدة قوة لورنتس ويؤدي
ذلك إلى بطء حركة دوران الكوكب حول محوره حتى إذا وصلت زاوية
الإختلاف إلى 90° تصل سرعة الكوكب في الدوران حول محوره إلى صفر
وعند إزدياد زاوية الإختلاف إلى زاوية منفرجة تبدأ الأرض في الدوران حول
محورها في الإتجاه العكسي ، وحتماً سوف تكون هناك عواقب على سرعة
دوران الأرض حول محورها وفي مثل تلك الفترة الإنتقالية يتغيّر طول الليل
والنهار عن المعتاد كما سنكتشف سوياً في صفحات الفصل الثالث من
خلال مراجعة النصوص التاريخية في الرسالات السماوية والتي تدل على
دورية إحداث مماثلة على مر الزمان.

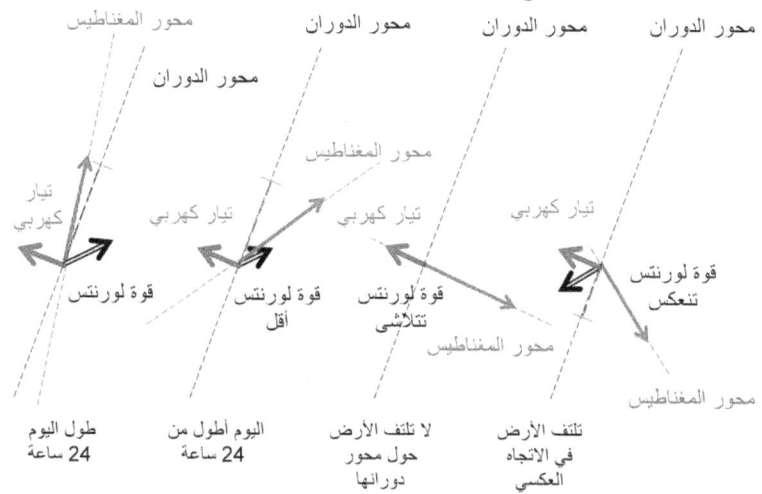

الشكل 32- تغيير سرعة دوران الأرض بتغير زاوية الفصل بين تيار
الإلكترونات العمودي على محور الدوران والمجال المغناطيسي

[20] http://www.ngdc.noaa.gov/geomag-web/#igrfwmm
[21] http://wdc.kugi.kyoto-u.ac.jp/poles/polesexp.html

كيف تلتف الكواكب الأخرى حول محورها يعتقد أغلبية العلماء أن الغلاف المغناطيسي لأي كوكب ما ومن ضمنها الأرض ينبع من التيار المتولّد بفعل حركة الإلكترونات في النواة الخارجية. فعلى سبيل المثال يعتقد العلماء أن الإكترونات المنبثقة من النواة الداخلية لكوكب زحل تتسبب في توليد الغلاف المغناطيسي للكوكب أثناء تدفقها في نواته الخارجية المكونة من الهيدروجين المعدني السائل. ويندهش العلماء من أمر كوكب عطارد حيث أن له مجال مغناطيسي في غيبة نواة خارجية سائلة ! في حين أنه وحسب تعريفهم لنشأة المجال المغناطيسي يتحتم وجود نواة خارجية سائلة. ولكن تجدون لي رأياً أخراً مخالفاً فأطرح تصوراً واحداً لجميع الكواكب للرد على كل تلك الاستفسارات المطروحة بدون إجابة. فكما وسبق وقدمت فإن حركة القطب المغناطيسي المستمرة هي دليل قطعي على تمتع الكواكب بمغناطيس دائم فلو كان المغناطيس متولداً بفعل حركة الإلكترونات ووفقاً لقوى كوريوليس السابق شرحها لكانت الخطوط المغناطيسية موازية لمحور الدوران ولكان المجال المغناطيسي الناشئ ذي قطبية مغناطيسية جنوبية على طرفي الأرض الشمالي والجنوبي على حد السواء. وعلى هذا وحيث أن كوكبي الأرض وزحل يتمتعان بنواة داخلية حرة الحركة داخل النواة الخارجية السائلة فإن سرعة دوران الكوكب ذي النواة الداخلية الحرة سوف يعتمد على:

1. شدة وزاوية تيار الإلكترونات المتدفقة من النواة الداخلية في الإتجاه العمودي على محور الدوران تعتبر ثابتة خلال فترة طويلة من الزمان وتبدأ في الضعف بعد مئات الملايين أو بلايين السنين من نشأة الكوكب.

2. شدة التيار المغناطيسي الدائم والمنبثق من النواة الداخلية هي أيضا قوة ثابتة خلال فترة طويلة من الزمان.

3. قيمة الزاوية التي تفصل الخطوط الكهربية الثابتة القيمة والإتجاه العمودي على محور الدوران وإتجاه الخطوط المغناطيسية والتي تكون متغيرة من جراء حركة النواة الداخلية المغناطيسية المستمرة بفعل جذب القوة المغناطيسية للكواكب الأخرى والملحوظة في تجوال القطبين المغناطيسيين الدائم. فلو كانت الزاوية ضئيلة بين محور

الدوران الثابت والمحور المغناطيسي المتغير لزادت سرعة دوران الكوكب حول محوره ، ولو كبرت الزاوية بين محور الدوران الثابت والمحور المغناطيسي المتغير لقلت سرعة دوران الكوكب حول محوره مثل الحال في كوكبي الزهرة[22] وزحل[23] على سبيل المثال ولو وصلت الزاوية الفاصلة إلى 90° لتوقف الكوكب في الدوران حول محوره. كما حدث في أزمنة سابقة وسأتولى الإسهاب بالفصل الثالث.

أما بالنسبة لكوكب عطارد فالوضع مغاير حيث أن النواة الداخلية للكوكب ليست حرة الحركة بسبب عدم وجود نواة خارجية سائلة تحتوي النواة الداخلية وهكذا لا تتغير سرعة الكوكب حيث أن:

1. شدة وزاوية تيار الإلكترونات المتدفقة من النواة الداخلية في الإتجاه العمودي على محور الدوران تعتبر ثابتة خلال فترة طويلة من الزمان وتبدأ في الضعف بعد مئات الملايين أو بلايين السنين من نشأة الكوكب.
2. شدة التيار المغناطيسي الدائم والمنبثق من النواة الداخلية هي أيضا قوة ثابتة خلال فترة طويلة من الزمان.
3. قيمة الزاوية التي تفصل بين مسارات الإلكترونات الثابتة القيمة والإتجاه العمودي على محور الدوران وبين إتجاه خطوط القوى المغناطيسية والذي يكون ثابتاً نظراً لإنعدام حرية حركة النواة الداخلية تكون أيضاً ثابتة. مما يعني أنه لو تأثرت النواة الداخلية المغناطيسية بقوى الجذب للنواة الداخلية المغناطيسية لكوكب ما وكان من الشدة لتغيير إتجاه النواة الداخلية المغناطيسية لكوكب عطارد لإلتف الكوكب بأكمله أي محور دورانه بالنسبة لمداره حول الشمس. وإذا صح وأن وجد كوكب له تأثير مغناطيسي يؤدي إلى إلتفاف النواة الداخلية لكواكب المجموعة الشمسية فلنا أن نتوقع أن تكون له نواة داخلية عالية الشدة المغناطيسية.

---

[22] http://www.universetoday.com/93494/is-venus-rotation-slowing-down/
[23] http://www.newscientist.com/article/dn9100-saturns-rotation-puts-astronomers-in-a-spin.html

الحرارة على سطح المريخ. فكما نعلم يقع المريخ في المركز الرابع في كواكب المجموعة الشمسية من حيث البعد عن الشمس ومثله مثل كوكب الأرض فهو يتكون من نواة جزءها الداخلي صلب و عالي الكثافة وجزءها الخارجي منصهر وأقل كثافة. وتدلل النماذج الحالية للكوكب على وجود نواة داخلية ذات نصف قطر يبلغ 65 ± 1794 كيلومتر (41 ± 1121 ميل) ويتألف من حديد ونيكل وكبريت. وهكذا تتولد خطوط قوى مغناطيسية بفعل تدفق الإلكترونات بالنواة ودوران الكوكب بواقع 868 كيلومتر/ ساعة (542 ميل/ ساعة) عند خط الإستواء الجغرافي للكوكب. وتبلغ زاوية محور دوران المريخ 25.19° حول الخط العمودي على مدار الكواكب الدوارة حول الشمس وهكذا يتمتع مناخ المريخ بأربع فصول مثل كوكب الأرض ولكن تبلغ الفترة الزمنية لأي من هذه الفصول على كوكب المريخ ضعف الفترة على كوكب الأرض نظراً لعظيم بعد كوكب المريخ مقارنة ببعد كوكب الأرض عن الشمس فتبلغ السنة المريخية ضعف السنة الأرضية. وتتراوح درجة حرارة سطح كوكب المريخ بين 143°- مئوية (225°- فهرنهيت)كحد أدنى و35° مئوية (95° فهرنهيت)كحد أقصى بالمدار الإستوائي بفصل الصيف.

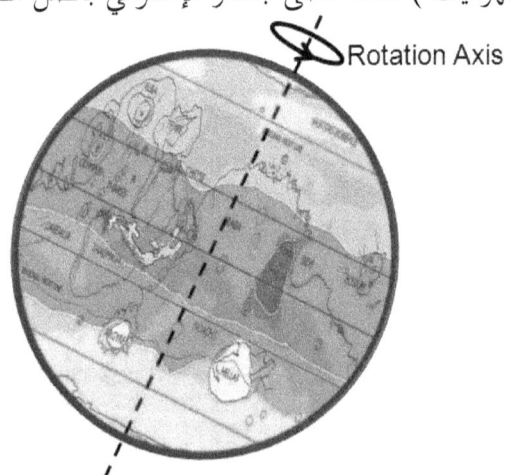

الشكل 33- توزيع الحرارة على سطح كوكب المريخ

- A= جليد دائم -
- B= قطبي مغطي بصقيع أثناء فصل الشتاء والذي ينحسر بفصل الصيف -

- معتدل الحرارة في الشمال بفصل الصيف=C -
- بارد قارص في الجنوب بفصل الشتاء =C -
- إنعكاس حراري إستوائي =E -
- حرارة تحت المدار القطبي =F -
- حرارة أراضي وطيئة إستوائية =G -
- حرارة أراضي عالية إستوائية =H -

ولو كانت الطاقة الإشعاعية الآتية من الشمس هي المسئولة عن تفاوت درجات الحرارة على سطح كوكب المريخ لظلت الحرارة عظمى على السطح الواقع عمودياً تحت أشعة الشمس ولكننا نجد أن الحرارة العظمى تغلف منطقة خط الإستواء الذي لا يقع تحت أشعة الشمس العمودية إلا مرتين في السنة فقط ونجد أن الأحزمة الحرارية تلتف بزاوية °25.19 حول سطح الكوكب الأقرب للشمس وأنها تتمركز حول محور الدوران. ويعتقد العلماء بأن كوكب المريخ يفتقد إلى مجال مغناطيسي قوي يغلف سطحه ويتسبب في ظاهرة الشفق القطبي كما على كوكب الأرض. وأن ظاهرة أضواء الشفق الجميلة الألوان تتكون على كوكب المريخ دون أينما تأثير من أي قوى مغناطيسية تغطي سطح الكوكب بأكمله وإنما من بقع مغناطيسية متناثرة على سطح الكوكب وبالأخص على نصفه الجنوبي ولكني أميل للإختلاف وكوكبة العلماء. فالشمس دائمة القذف بجزيئات مشحونة من الإلكترونات والبروتونات وفي بعض الأحيان يتصادف إنطلاق بصقات عالية الكثافة من الشحنات الكهربية يطلق أو ما يسمى Corona Mass Ejection (CME) وقد يصل البعض منها إذا تصادف وكان بإتجاه كوكب المريخ أن يتغلغل في غلافه الجوي وصولاً إلى سطحه. وقد حدث أن سجلت وكالة ناسا بواسطة مسبار مافن بصقة شمسية قوية في إتجاه كوكب المريخ مما تسبب في ظهور ألوان الشفق بكثافة أكبر 25 ضعف عن المعتاد[24]. وكان أن تم قياس تلك الكثافة الناجمة عن إصطدام البروتونات القادمة من الشمس على الجانب المظلم من كوكب المريخ قبل وبعد وصول بصقة الكورونا مما يدل على وجود

[24] https://www.nasa.gov/feature/jpl/large-solar-storm-sparks-global-aurora-and-doubles-radiation-levels-on-the-martian-surface

مجال مغناطيسي يغلف الكوكب وإلا فكيف تنتقل البروتونات من الجانب المضئ المواجه للشمس إلى الجانب المظلم اللهم إلا عن طريق حركتها ذهاباً وإياباً بين قطبيه المغناطيسيين وأن تلك البروتونات غير معنية بأي خط قوى مغناطيسية تقتفي فقد يكون الخط المغناطيسي على الجانب المضيء وقد يكون على الجانب المظلم فالأمر سيان مثلما يحدث على كوكب الأرض.

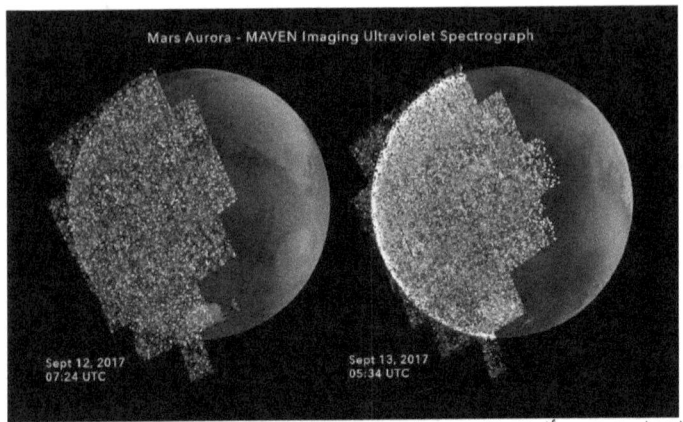

الشكل 34 – ألوان الشفق على الجانب المظلم من المريخ قبل وبعد بصقة الكورونا

وكما على كوكب الأرض يتفاوت طول المسار الحلزوني لتلك البروتونات حول خطوط القوى المغناطيسية فيصل أقصاه في منتصف المسافة بين القطبين المغناطيسيين وأدناه أعلى القطبين المغناطيسيين وبالتالي تعاظم فرص التصادم بين البروتونات ببعضها البعض وتولد طاقة حرارية أكبر عند المدار الأستوائي المغناطيسي حيث يطول مسارها أعلى من تلك المتولّدة عند القطبين المغناطيسيين حيث يقصر مسارها الحلزوني . وتتبع الخرطة المناخية على سطح المريخ الخريط الحرارية الناجمة عن تصادم البروتونات ببعضها البعض في الغلاف الجوي. مما يعني أنه لو تغير موقع القطبين المغناطيسيين لتغيرت الأحزمة الحرارية لكوكب المريخ.

نظام التكوين المغناطيسي للمريخ. كما تقدم أُلخّص تماثل مصادر المغناطيس لكوكبي الأرض والمريخ ، فيوجد عدد 2 من المجال المغناطيسي

المتولّد من التيار الكهربي المار بالإطار المنصهر للنواة وهما ليسا من الشدة حيث تظهر أثارهما فقط كرقع منثورة على سطح المريخ. وهناك أيضاً مغناطيس دائم ينبثق قطبه الشمالي في جنوب المريخ و نجد تماثلاً بين مواقع الأقطاب المغناطيسية والجغرافية.فقد قامت وكالة ناسا بإطلاق مركبة فضائية للقيام بمسح شامل لسطح المريخ وقام جهاز الماجنيتومتر بقياس شدة المجال المغناطيسي عند طيران المركبة فوق القطب الجغرافي الشمالي[25]. وهنا حدث ما لم يكن في الحسبان فقد تذبذب المؤشر المغناطيسي شمالاً وجنوبا خلال فترة ضئيلة من الزمن وفي أثناء قطع

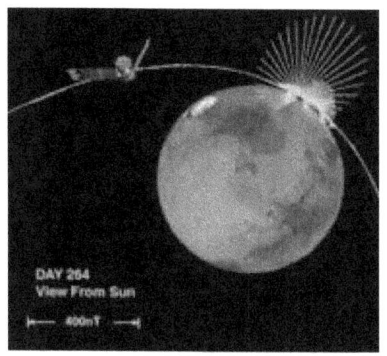

المركبة لمسافة بضعة مئات من الأميال كما بالشكل 35. وهنا أذكّر بما سبق وأسهبت شرحاً لكوكب للأرض. فالمغناطيسيين المتولّدين من جراء التيار الكهربي يظهران كحلقتي مغناطيس جنوبي القطبية في كل من الدائرة الجغرافية القطبية الجنوبية والشمالية. أما المغناطيس الدائم

الشكل 35- قياس مغناطيس للمريخ

فيتوازى مع محور الدوران ولكنه من الضعف بحيث لا تأخذ خطوط قواه مسارات بعيدة عن باطن الكوكب كما بالشكل 36 و يمكن تلخيصها كما يلي:

1- خطوط قوى مغناطيسية A قوية نوعاً ما وتمتد من باطن الأرض بالتوازي مع محور الدوران وصولاً إلى القطب الجغرافي الجنوبي فتنبثق منه 'N' ثم لا تلبث أن تنعطف مرة أخرى داخل باطن الكوكب لتنبثق من القطب الجغرافي الشمالي 'N' ثم تعود لباطن الأرض 'S' لتكمل حلقة تامة من المجال المغناطيسي.

2- خطوط قوى مغناطيسية B معتدلة الشدة تنبثق أيضا من القطب الجغرافي الجنوبي 'N' ولكنها ما تلبث أن تنجذب لرقع القوى المغناطيسية

[25] https://mars.jpl.nasa.gov/mgs/sci/mag/data1/mag_first.html

المتولّدة من التيار الكهربي وحركة دوران الكوكب 'S'، فتعود لباطن الكوكب وتظهر بالشمال الجغرافي كما لو أنها خطوط مغناطيسية شمالية القطب 'N'.

3- خطوط قوى مغناطيسية C ضعيفة الشدة تنبثق أيضا من القطب الجغرافي الجنوبي 'N' وتلتف على سطح الكوكب وصولاً إلى الشمال الجغرافي واستكمال حلقة تامة من المجال المغناطيسي.

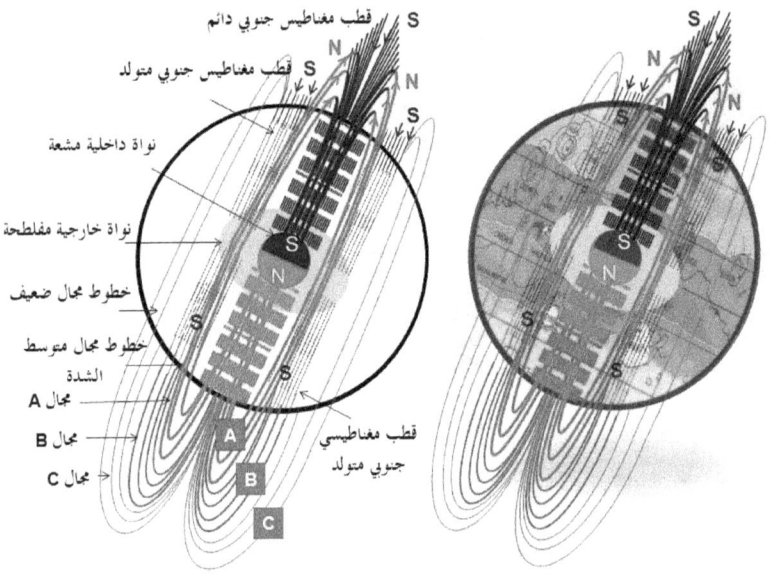

الشكل 36- المجال المغناطيسي للمريخ أضعف منه على الأرض ومع ذلك يمثل حائط صد ضد الجسيمات المشحونة القادمة من الشمس

4- مما يفسر القراءة المغناطيسية بالمركبة الفضائية حين طارت فوق القطب الجغرافي الشمالي فلمس الماجنيتوميتر مجال مغناطيسي جنوبي القطبية ثم تبعه مجال مغناطيسي شمالي القطبية ثم أخيراً مجال مغناطيسي جنوبي القطبية كما يظهر بشكل 35.

الانبعاث الحراري أيضا على سطح المريخ. وحيث أن الشمس تقذف بجسيمات مشحونة كتلك البروتونات التي يحتجزها الغلاف المغناطيسي فتتبع

مسارات حلزونية حول خطوط مجال القوى المغناطيسية كما بكوكب الأرض وتختلف مساراتها طولاً وسرعةً تبعاً لقوة المجال المغناطيسي كما تتأرجح ذهاباً وإياباً بين القطبين المغناطيسيين فتزداد فرص التصادم وذرات الهواء بالغلاف الجوي للمريخ وبالتالي إنبعاث الطاقة الإشعاعية والتي تكثر حدتها عند منتصف المسافة بين القطبين المغناطيسيين كما تقدم وهكذا يظل خط الإستواء المغناطيسي للمريخ الأعلى حرارة على مدار العام .

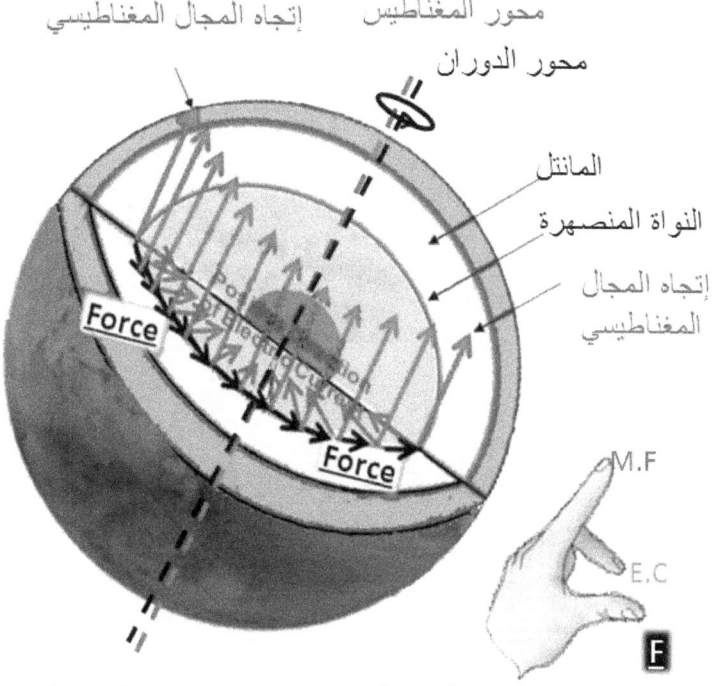

الشكل 37- عزم القوى المتولّد طبقاً لقاعدة اليد اليسرى للحركة تدفع المريخ على الدوران حول محوره

وقد يتسبب إقتراب أحد الأجرام السماوية مثل الكوكب الذي أسمته ناسا "تيخي" [26] ولم يُستدل عليه بعد وإنما أُستدل على آثاره في جذب بعض خطوط القوى المغناطيسية لكوكب المريخ مما يتسبب بنقصان خطوط قواه التي تغلف الكوكب وبالتالي زيادة سرعة البروتونات ذهاباً وإياباً بين القطبين

---

[26] http://www.nasa.gov/mission_pages/WISE/news/wise20110218.html

المغناطيسيين وإزدياد الطاقة الناجمة عن تصادم البروتونات وجزيئات الغلاف الجوي للمريخ توليداً لطاقة حرارية أكبر وإحترارا لسطح الكوكب مما يؤدي لذوبان جليده كما أُعلن[27] مؤخراً.

سرعة دوران المريخ حول محوره. وجدير بالذكر أن ما تم شرحه بفصل " الأرض تدور حول محورها بفعل قوة لورنتس" ينطبق أيضا على كوكب المريخ. حيث تتناسب سرعة و إتجاه دوران المريخ مع الزاوية التي تفصل بين خطوط مجاله المغناطيسي الدائم مع حركة التيار الكهربي بنواته الخارجية. وعلى الرغم من عدم وضوح أي تغيُّر بسرعة كوكب المريخ فقد تم رصد تباطؤ في سرعة إلتفاف كوكبي الزهرة وزحل حيث تمكنت مركبة الفضاء كازيني من قياس اليوم الكامل على كوكب زحل لتجده 10 ساعات 45 دقيقة و 45 ثانية أي أطول عما كان عليه في أوائل الثمانينيات[28] حين تم قياسة بواسطة مركبة الفضاء فويجير بزمن مقداره 6 دقائق أو ما يقابل 1% وذلك بسبب التغيُّر في الزاوية التي تفصل المجال المغناطيسي الدائم للكوكب عن التيار الكهربي الثابت بباطنه .

الحرارة على سطح يورانوس. يختلف كوكب يورانوس عن كوكبي الأرض والمريخ بأنه كوكب غازي ويقع في المرتبة السابعة بعداً عن الشمس. ويحتل المركز الثالث من حيث طول القطر والمركز الرابع من حيث الكتله بين كواكب المجموعة الشمسية. ويختلف كوكبي يورانوس والزهرة عن بقية الكواكب الأخرى في أن محور دورانهما يكاد يكون ملامساً لمستوى مسارات الكواكب حول الشمس أو ما أسميه "المدار الشمسي" حيث يميل محور الدوران بزاوية 97.77^{o} على المحور العمودي على مستوى المدار الشمسي. ويجتهد العلماء في الرد على أسئلة كثيرة بشأن كوكب يورانوس والبعض منها مازال قيد البحث مثل:

---

[27] http://science.nasa.gov/science-news/science-at-nasa/2003/07aug_southpole/

[28] http://www.nasa.gov/mission_pages/cassini/media/cassini-062804.html

1. لماذا يتمتع الخط الإستوائي لكوكب يورانوس بحرارة أدفء من قطبيه الجغرافيين علماً بأن القطبين الجغرافيين يتعرضان بكم أكبر للطاقة الحرارية القادمة من الشمس؟

2. لماذا تختلف شدة المجال المغناطيسي بين الجزء الواقع أعلى المدار الشمسي عن الجزء الواقع أسفل المدار الشمسي؟

3. لماذا يدور كوكب يورانوس حول محوره في إتجاه يعاكس دوران كوكب الأرض حول محوره.

4. لماذا يبلغ متوسط سرعة الرياح على سطح يورانوس 900 كم/ ساعة (560 ميل/ ساعة) في حين أن أعلى سرعة رياح تورنيدو على كوكب الأرض تتراوح بين 510 إلى 600 كم/ ساعة (319 إلى 379 ميل/ ساعة)؟

وبتناول طبقات كوكب يورانوس نجد أنه يتكون من:

- نواة داخلية صلبة تتكون من سليكات الحديد والنيكل في مركز الكوكب بكتلة تبلغ 0.55 من كتلة كوكب الأرض بكثافة 9 جرام/سم^3 ونصف قطر يبلغ 20% من نصف قطر الكوكب تحت ضغط 8 مليون بار وحرارة تصل إلى 4,726 درجة مئوية (5,000 كلفن) (Podolak, M.; Weizman, A.; Marley, M., Dec 1995)

- مانتل جليدي يحيط بالنواة الداخلية ولا يعني ذلك مياه تحت درجة التجمد ولكنه خليط من الماء والأمونيا وشوائب أخرى وهو على درجة عالية من التوصيل الكهربي وفي بعض الأحيان يطلقون عليه أسم المحيط الأموني المتجمد (Faure, Gunter; Mensing, Teresa, 2007).

- محور مغناطيسي ثنائي القطبية ولكنه لا يمر بمركز الكوكب. ففي الواقع يقع القطب المغناطيسي جنوبي القطبية في الشمال الجغرافي بزاوية إختلاف 44° بينه وبين القطب الجغرافي الشمالي. ويقع القطب المغناطيسي شمالي القطبية في الجنوب الجغرافي بزاوية إختلاف 76° بينه وبين القطب الجغرافي الجنوبي. وتوجد على كوكب الأرض ظاهرة مشابهة كما سبق وتقدم حيث القطب المغناطيسي جنوبي القطبية في الشمال الجغرافي بزاوية إختلاف 10° بينه وبين القطب الجغرافي الشمالي. وكمثل يقع القطب المغناطيسي شمالي

القطبية في الجنوب الجغرافي بزاوية إختلاف 23° بينه وبين القطب الجغرافي الجنوبي.

وللإجابة على الأربع أسئلة السابق سردهم أطرح نفس النموذج الذي أقترحته لكوكبي الأرض والمريخ للإجابة على سر مغناطيسية أورانوس وأثرها على توزيع المناخ وسرعة الدوران حول محوره مع الأخذ في الإعتبار أن كوكب يورانوس يختلف كونه كوكب غازي وليس كوكب ذو سطح صخري. فعلى موقع Space.com[29] هناك وصف كامل لطبقات المناخ على سطح يورانوس حيث تبدأ بطبقة التروبوسفير وتتراوح فيها الحرارة بين 153– و – 218 درجة مئوية ، ثم طبقة الستراتوسفير حيث تتدرج الحرارة من 218– إلى 153– درجة مئوية ثم طبقة الثرموسفير حيث ترتفع الحرارة حتى 577 درجة مئوية. وقد جذب إنتباهي فقرة بذاك الموقع جاء فيها "تتملك الحيرة العلماء عن مصدر تلك الحرارة بالطبقة العليا لمناخ يورانوس حيث أن المسافة الفاصلة بين الشمس ويورانوس من العظم بحيث لا تكفي الطاقة الواصلة للكوكب من الشمس لتوليد تلك الحرارة الكبيرة". ولكن وكما شرحت لكوكب الأرض ودللت بنموذج حسابي تتولد طاقة حرارية حيث تتواجد خطوط القوى المغناطيسية على إرتفاع طبقة الثرموسفير من سطح الأرض وتحتجز تلك الخطوط المغناطيسية البروتونات القادمة من الشمس مما يولد طاقة حرارية من جراء تصادم تلك البروتونات ببعضها البعض أثناء حركتها في مسارات حلزونية ذهاباً وإياباً من القطبين المغناطيسيين. وكما أشرت سابقاً يتعاظم المسار الحلزوني في منتصف المسافة بين القطبين المغناطيسيين نتيجة إتساع المسافة الفاصلة بين خطوط القوى المغناطيسية عنها عند القطبين المغناطيسيين مما يعني تزايد معدلات التصادم في منتصف المسافة بين القطبين المغناطيسيين عنها عند القطبين المغناطيسيين وبالتالي تولد الأحزمة الحرارية في حلقات تلف الكوكب يكون مركزها القطب المغناطيسي الأقرب جغرافياً. إن ذلك التحليل هو التفسير الذي أطرحة لبيان أن عند منتصف المسافة بين القطبين المغناطيسيين أو المدار الإستوائي المغناطيسي تكون

---

[29] https://www.space.com/45-uranus-seventh-planet-in-earths-solar-system-was-first-discovered-planet.html

الحرارة العظمى على سطح يورانوس وليس عند سطح الكوكب المواجه للشمس أو القطب الجغرافي في هذه الحالة لكوكب يورانوس وهكذا الإجابة على السؤال الأول. وتتسبب حركة القطبين المغناطيسيين في إلتفاف الأحزمة الحرارية بحيث يظل مركزها دائماً القطب المغناطيسي الأقرب. ولسوف أستخدم نفس مسميات الغلاف الجوي الأرضي للغلاف الجوي الخاص بكوكب يورانوس مثل: التروبوسفير الأقرب لسطح الأرض والثرموسفير حيث تقبع معظم خطوط القوى المغناطيسية والستراتوسفير الفاصل بين الطبقتين سالفي الذكر.

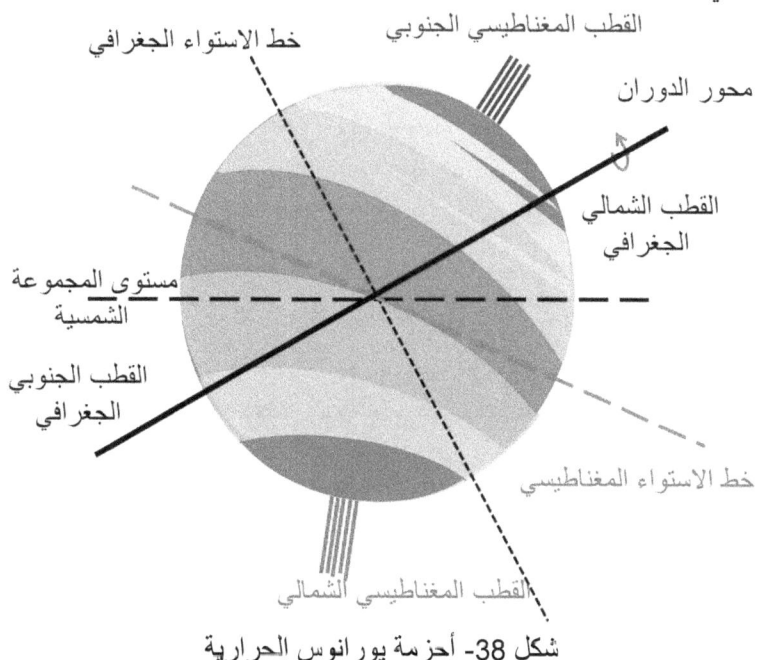

شكل 38- أحزمة يورانوس الحرارية

نظام التكوين المغناطيسي ليورانوس. إذا إستعنا بالتحليل الذي عرضته لتفسير مصادر المغناطيسية الأرضية وكيف أنه يوجد مغناطيس متولد من جراء قوة كوريوليس ويتسبب في ظهور مجال مغناطيسي متماثل حول محور الدوران في طرفي الأرض عند المسقط الجغرافي للنواة الخارجية وكان أن تم تقدير ظهوره قبل 10,000 سنة وأطلق عليه لفظ بلازمويد بالقارة القطبية

الجنوبية للأرض ، ومغناطيس دائم من مادة لدنة تحت الضغط والحرارة العظيمين مما يجعل قطبية عرض للجذب والشد من مصادر مغناطيسية أخرى بالكون وبالتالي التجوال المستمر لتفسير مغناطيسية كوكب ما لإستطعنا الإجابة على السؤال الثاني السالف الذكر وهو لماذا تختلف شدة المجال المغناطيسي بين الجزء الواقع أعلى المدار الشمسي عن الجزء الواقع أسفل المدار الشمسي؟ وقد أشرت سابقاً إلى الأبحاث التي تدلل على تكوين النواة الداخلية للارض بما لا يضع مجالاً للشك أن مصدر المغناطيسية الدائمة هي النواة الداخلية ذاتها وأن مصدر المغناطيسية المتولّدة هي الإلكترونات الحرة المتدفقة في النواة الخارجية السائلة. وأميل للأعتقاد أخذاً بالشواهد والقراءات أن كوكب يورانوس يخضع لنفس تفسير القوى المغناطيسية كما بكوكب الأرض ففيه نواة داخلية صلبة ومانتل شقه الداخلي سائل يحاكي في وظيفتة النواة الخارجية السائلة لكوكب الأرض وبه تيارات إلكترونية كما بالتيارات الإلكترونية بالنواة الخارجية للأرض وشقه الخارجي متجمد تتولد عنده قوة لورنتس بفعل تقابل خطوط القوى المغناطيسية والتيارات الإلكترونية الكهربية. وحيث أن كوكب يورانوس أضخم من كوكب الأرض ويلتف حول محوره بسرعة أكبر من تلك بكوكب الأرض حول محوره فهناك الاحتمالات الثلاث التالية آخذين قاعدة كوريوليس المفسرة لدوران الأرض في الاعتبار (أ) يورانوس يمتلك مغناطيس دائم ثنائي القطبية عالي الشدة ، (ب) و/ أو النواة الداخلية ليورانوس تشع كم إلكترونات بكثافة عالية ، (ج) و/أو أن الزاوية التي تفصل بين خطوط القوى المغناطيسية ومسارات تيار الإلكترونات العمودي على محور الدوران تبلغ 90°. وحيث تشير القراءات أن شدة المجال المغناطيسي على سطح يورانوس تبلغ 0.23 جاوس (23 ميكرو تسلا) وهي أقل من تلك على سطح الأرض والتي تبلغ في المتوسط 0.5 جاوس (50 ميكروتسلا) وحيث أن الزاوية التي تفصل بين خطوط القوى المغناطيسية والاتجاه العمودي على محور الدوران أقل من 90° فلا مناص من أن تيار الإلكترونات المنبثق من النواة الداخلية هو تيار عظيم الشدة يدفع بالكوكب بالالتفاف حول محوره في 17 ساعة فقط في حين أن كتلته تزيد عن كتلة الأرض 14.5 ضعف.

وحيث أن الإلكترونات المتدفقة خلال المانتل الداخلي السائل تخضع لقانون كوريوليس وبالتالي تقتفي مسارات حلزونية تتعامد مع محور الدوران فلنا أن نتوقع نشؤ مجال مغناطيسي متولد ذو قطبية جنوبية على كل من الشمال والجنوب الجغرافي في المساحة التي تمثل المسقط الجغرافي للمانتل الداخلي. إن إضافة مجال مغناطيسي متولد بقطبي متماثلين شمالاً وجنوباً جنباً إلى جنب والمجال المغناطيسي الدائم بقطبين مختلفين شمالاً وجنوباً ليتسبب في زيادة محصلة القطب المغناطيسي الجنوبي بالشمال الجغرافي حيث القطب المغناطيسي المتولّد والقطب المغناطيسي الدائم كليهما ذي شدة قطبية جنوبية ويتسبب في ضعف محصلة القطب المغناطيسي الشمالي بالجنوب الجغرافي حيث القطب المغناطيسي المتولّد والقطب المغناطيسي الدائم يختلفان في نوع قطبيهما. وهكذا تجد الإجابة على السؤال الثاني.

سرعة دوران يورانوس حول محوره. وللإجابة على السؤال الثالث يجب أولاً أن نتعرف على شدة المجال المغناطيسي المتولّد وهو بالطبع يتناسب مع كثافة وسرعة الإلكترونات المتدفقة في المانتل الداخلي. وتتناسب تلك السرعة مع بعد الالكترون عن مركز الكوكب بفعل المعادلة المشهورة $V=\omega.r$ حيث ω هي سرعة التفاف الكوكب حول محورة و r هي المسافة الفاصلة بين الالكترون ومركز الكوكب. وهكذا تتناسب شدة المجال المغناطيسي المتولّد مع بعده عن مركز الكوكب ويبلغ أشده عند الحافة الفاصلة بين المانتل الداخلي السائل والمانتل الخارجي المتجمد. وعلى عكس كوكب الأرض حيث تبلغ شدة المجال المغناطيسي الدائم أضعاف المجال المغناطيسي المتولّد نجد أنه على كوكب يورانوس تتقارب شدة المجال المغناطيسي المتولّد والمجال المغناطيسي الدائم بدليل أن محصلة المجالين المغناطيسيين في الجنوب الجغرافي ليورانوس تبلغ 0.3 مثيلتها على سطح الأرض في حين أنه تقارب 4 أضعاف مثيلتها على سطح الأرض عند قياسها في القطب الشمالي ليورانوس. أو بالحساب البسيط تبلغ قوة المغناطيس الدائم على سطح يورانوس 2.1 ضعف مثيلها على سطح الأرض ويبلغ قوة المغناطيس المتولّد على سطح يورانوس 1.8 ضعف مثيلها على

سطح الأرض. ويتسبب تفاعل القوى المغناطيسية مع التيارات الإلكترونية في تخليق قوة لورنتس عند الطبقة الفاصلة بين المانتل الداخلي السائل والمانتل الخارجي المتجمد مسبباً إلتفاف الكوكب حول محوره ولكن ليس هذا فقط فتباين محصلة القوى المغناطيسية بين الشمال والجنوب تتسبب في قوى لورنتس عكسية ببعض المناطق كما بالشكل 39 والذي بالتالي يؤدي إلى تصدعات بالمانتل الخارجي وإنبثاق سائل المانتل الداخلي ذو الحرارة العالية مؤدياً لتفاوت في درجات الحرارة على سطح الكوكب وبالتالي نشؤ فروق بالضغط الجوي وسرعة الرياح على سطح الكوكب كما سأفصل لاحقاً. فعند طبقة المانتل الخارجي حيث تتجمد بفعل برودة سطح الكوكب يحدث التفاعل بين (أ) التيارات الكهربية بفعل تدفق الإلكترونات في مسارات عمودية على محور الدوران وفقا لقانون كوريوليس و(ب) خطوط قوى مغناطيسية دائمة تنبع من القطب المغناطيسي الشمالي القطبية والقابع في الجنوب الجغرافي للكوكب و (ج) خطوط قوى مغناطيسية متولدة تتوازى ومحور الدوران وتتعامد على وتنبع من التيارات الإلكترونية كما سبق الشرح.

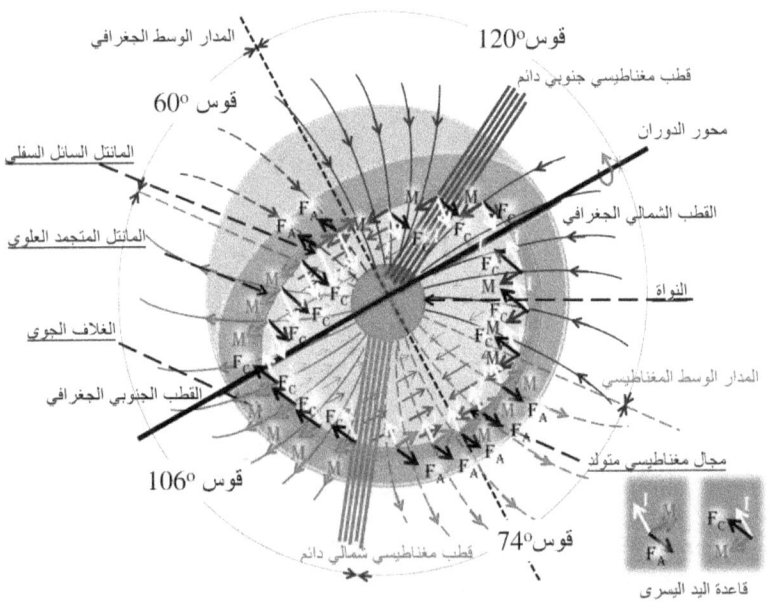

شكل 39- قوى لورنتس تتباين وتدفع يورانوس على الالتفاف حول محوره

ونظرا لإختلاف إتجاه خطوط القوى المغناطيسي بين دائم ومتولّد وبنفس الشدة تقريباً تتولد قوى لورنتس بعضها في إتجاه حركة عقارب الساعة أشير إليه برمز F_C وقوى لورنتس أخرى تتولد في إتجاه عكس عقارب الساعة أشير إليه برمز F_A كالمبين بشكل 39 وتجد نتيجة عدم تماثل القطبين الدائمين على جانبي الكوكب أن محصلة تلك القوى تؤثر في إتجاه حركة عقارب الساعة بسبب أن المسطح الناتج من مجموع Arc106° و Arc120° أكبر من المسطح الناتج من مجموع Arc60° و Arc74° مما يفسر إلتفاف الكوكب حول محوره في إتجاه عكس ذلكم على كوكب الأرض وهكذا الإجابة على السؤال الثالث.

رياح عاصفة بكوكب يورانوس. كما أشرت سابقا يختلف إتجاه قوى لورنتس عند الحدود الفاصلة بين Arc60° و Arc74° من ناحية و Arc106° و Arc120° من ناحية أخرى ويتسبب ذلك بتصدع طبقة المانتل الخارجي جنوب خط الاستواء المغناطيسي متسبباً في تدفق سائل المانتل الداخلي القابع تحت درجة حرارة وضغط عاليين ليتدفق خارجاً إلى سطح يورانوس كما يحدث عندما تتدفق الحمم إلى سطح الأرض بسبب ثورة بركانية. وينشأ نتيجة إنبثاق سائل عالي الحرارة على سطح يورانوس في خلخلة الضغط الجوي للكوكب وبالتالي إنتقال الهواء بسبب إختلاف الضغط بسرعات عالية تصل إلى 900 كم/ ساعة (560 ميل/ ساعة) ، وهكذا الإجابة على السؤال الرابع.

الدورة

هل تجوال القطبين المغناطيسيين عن موقعيهما المعهودين وتغيُّر المناخ الملاحق حدثٌ منفردٌ أم تكرر من ذي قبل؟ وهل كان ذاك التجوال يتم بنفس الدرجة والسرعة والنمط؟ هل كانت هناك حالات أكثر شدة بحيث تبادل فيها القطبان المغناطيسيّان موقعيهما في زمن قصير؟ وكيف تجاوب الإنسان والحياة البرية على الأرض مع تلك التغيُّرات؟ وماذا نتعلم للوصول إلى تصور أوضح للخريطة المناخية الجديدة القادمة؟ نحن إذا تطّلعنا لبعض البقاع على الأرض مثل جيبوتي أو الصومال بشرق أفريقيا أو المملكة العربية السعودية لوجدنا ندرة مياه الأمطار والتي لم تكن لتزيد عن 100 مليمتر من المياه سنويا. فماذا لو تغيّر الحال وقفز المعدل عشرة أو عشرين ضعفاً؟ نحن نستطيع بتفحص مدونات التاريخ أن نستنبط وجود دورة تبلغ حوالي 3,500 - 3,600 سنة تدخل فيها الأرض منعطف التغيُّرات والكوارث مثل الزلازل والبراكين والتغيُّر المناخي. لقد وصلنا الكثير عن التاريخ الساحق بواسطة الكتب السماوية فلنتصفحها سوياً.

سر الخروج أو (The Exodus mystery) هو الكتاب .(Wilson, 1985) الذي جذب الإنتباه إلى ترابط الأحداث الجسام التي سُردت بالتوراة والتي فاجأت مصر وثورة باطن الأرض العنيفة التي أطاحت بمعظم جزيرة تيرا (سان توريني كما تُسمّى حاليا) بالبحر الأبيض المتوسط باليونان. ويُعتقد أن موجة البحر الناجمة والعاتية 'التسونامي' هي التي أطاحت بحضارة المينوان بجزيرة كريت وكان إفلاطون قد أطلق على الجزيرة إسم 'أطلانيس' البائدة. وقد زرت بقايا جزيرة سان توريني منذ عدة أعوام ورأيت بعض التلال العملاقة – والتي تكاد تُشكل محيط دائرة شبه كاملة – هي كل ما تبقى من الجزيرة. ويُعتقد أن هذا الثورة قد حلت بالجزيرة العملاقة ما بين 1600 و 1500 قبل الميلاد وهي تقع على بعد 800 كيلومتر (500 ميل) من الساحل المصري وقد بلغت شدة ثورة الأرض مبلغاً عظيماً بحيث أنه لو تكرر مثلها اليوم لحطمت

النوافذ الزجاجية لبيوت القاهرة الحديثة. إن الرماد الناتج عن مثل هذا الثورة كان بإمكانه وبفعل الرياح تغطية سماء مصر وحجب الشمس (Philips, 1998). وتطالعنا التوراة سفر الخروج إصحاح 10:21-23 كما يلي:

" 21 ثُمَّ قَالَ الرَّبُّ لِمُوسَى: «مُدَّ يَدَكَ نَحْوَ السَّمَاءِ لِيَكُونَ ظَلاَمٌ عَلَى أَرْضِ مِصْرَ، حَتَّى يُلْمَسُ الظَّلاَمُ». 22 فَمَدَّ مُوسَى يَدَهُ نَحْوَ السَّمَاءِ فَكَانَ ظَلاَمٌ دَامِسٌ فِي كُلِّ أَرْضِ مِصْرَ ثَلاَثَةَ أَيَّامٍ. 23 لَمْ يُبْصِرْ أَحَدٌ أَخَاهُ، وَلاَ قَامَ أَحَدٌ مِنْ مَكَانِهِ ثَلاَثَةَ أَيَّامٍ. وَلكِنْ جَمِيعُ بَنِي إِسْرَائِيلَ كَانَ لَهُمْ نُورٌ فِي مَسَاكِنِهِمْ".

ويُعزى الحدث إلى المشيئة الإلهية وقد حاول جراهام فيليبس في كتابه تقديم ثورة تيرا كأداة طبيعية لتنفيذ مشيئة الله حيث أن الله سبحانه قد خلق الكون وما فيه من قوى الطبيعة وأدواتها وهو الذي يسخرها لتنفيذ مشيئته كيفما ومتى يشاء وعلى هذا فلا غبار على ربط ثورة تيرا بالأحداث الجسام التي وقعت بمصر. وفي كتاب التوراة سفر الخروج إصحاح 9:23-26 نجد أن مصر قد أبتُليت بعاصفة من البَرَد:

"23 فَمَدَّ مُوسَى عَصَاهُ نَحْوَ السَّمَاءِ، فَأَعْطَى الرَّبُّ رُعُودًا وَبَرَدًا، وَجَرَتْ نَارٌ عَلَى الأَرْضِ، وَأَمْطَرَ الرَّبُّ بَرَدًا عَلَى أَرْضِ مِصْرَ. 24 فَكَانَ بَرَدٌ، وَنَارٌ مُتَوَاصِلَةٌ فِي وَسَطِ الْبَرَدِ. شَيْءٌ عَظِيمٌ جِدًّا لَمْ يَكُنْ مِثْلُهُ فِي كُلِّ أَرْضِ مِصْرَ مُنْذُ صَارَتْ أُمَّةً. 25 فَضَرَبَ الْبَرَدُ فِي كُلِّ أَرْضِ مِصْرَ جَمِيعَ مَا فِي الْحَقْلِ مِنَ النَّاسِ وَالْبَهَائِمِ. وَضَرَبَ الْبَرَدُ جَمِيعَ عُشْبِ الْحَقْلِ وَكَسَّرَ جَمِيعَ شَجَرِ الْحَقْلِ. 26 إِلاَّ أَرْضَ جَاسَانَ حَيْثُ كَانَ بَنُو إِسْرَائِيلَ، فَلَمْ يَكُنْ فِيهَا بَرَدٌ ".

ويعزو جراهام فيليبس تحوّل مياه نهر النيل للون الدم آنذاك إلى ثورة تيرا كما ذُكر بالتوراة سفر الخروج إصحاح 7:19 والذي نص:" خُذْ عَصَاكَ وَمُدَّ يَدَكَ عَلَى مِيَاهِ الْمِصْرِيِّينَ، عَلَى أَنْهَارِهِمْ وَعَلَى سَوَاقِيهِمْ، وَعَلَى آجَامِهِمْ، وَعَلَى كُلِّ مُجْتَمَعَاتِ مِيَاهِهِمْ لِتَصِيرَ دَمًا". فقد يكون أكسيد الحديد كمادة سائدة في

الرماد المتطاير من ثورة جوف الأرض هو المسبب لتغيُّر لون مياه النهر ويدلل على ذلك من إستمرار إخراج أكسيد الحديد في الإضطرابات الضعيفة الكائنة بقاع البحر محل جزيرة تيرا حتى وقتنا هذا مما يتسبب بمقتل الإسماك حتى أميال عدة. ولقد أعزى الباحثون الطاعون لظواهر طبيعية أخرى وأن الظلام قد ضرب أرض مصر نتيجة عواصف رملية هوجاء وأن البَرَد قد نتج عن تقلبات مناخية شاذة وأن لون نهر النيل قد تغيُّر إلى اللون الأحمر نتيجة نشاط في القشرة الأرضية بعيداً في منبع النهر بقلب أفريقيا. وطبقاً للتوراة فإن خروج العبرانيين من مصر بدء بعد ظهور علامة بالسماء ، سفر الخروج الإصحاح 13:21 والذي نص على:"وَكَانَ الرَّبُّ يَسِيرُ أَمَامَهُمْ نَهَارًا فِي عَمُودِ سَحَابٍ لِيَهْدِيَهُمْ فِي الطَّرِيقِ، وَلَيْلاً فِي عَمُودِ نَارٍ لِيُضِيءَ لَهُمْ. لِكَيْ يَمْشُوا نَهَارًا وَلَيْلاً". ويعزو جراهام فيليبس عمود الضوء هذا إلى ثورة تيرا والعمود الصاعد من الرماد البركاني والذي قد يكون قد صعد بالسماء حتى 48 كيلومتر (30 ميل) وأصبح مرئيا من الدلتا في شمال مصر آخذاً في الإعتبار تكوير سطح الكرة الأرضية. ويبدو أن العبرانيين قد أعزوا علامة السماء للتدخل الإلهي وإرشادهم طريق الخروج من مصر والوصول حيث الأمان فإقتفوا أثرها أو كما ذُكر في التوراة سفر الخروج الإصحاح 13:18 :"فَأَدَارَ اللهُ الشَّعْبَ فِي طَرِيقِ بَرِّيَّةِ بَحْرِ سُوفٍ. وَصَعِدَ بَنُو إِسْرَائِيلَ مُتَجَهِّزِينَ مِنْ أَرْضِ مِصْرَ". وكتب جراهام فيليبس أن الأولين قد فسروا بحر سوف على أنه البحر الأحمر Red في حين أن التفسير الأقرب للدقة هو بحر الأعشاب البحرية أو الخوص أي القصب Reed علما بأن العبرانيين كانوا يطلقون لفظ البحر حتى على البحيرات ذات الإتساع والعمق الضحل وعلى ما تقدم يبدو أن بحيرة البُرُلُس هي الموقع الذى إتجه نحوه العبرانيون في شمال الدلتا سيراً على الأقدام من بلدة أفاريس (جنوب مدينة المنصورة حالياً). وتنفصل بحيرة البرلس عن البحر الأبيض المتوسط ببرزخ يناهز طوله 50 كم (31 ميل) وبنهاية البرزخ تتصل البحيرة بالبحر عن طريق قناة ضيقة وضحلة بعمق 5 متر (16 قدم). وهكذا يكون العبرانيون قد صاروا على هدي علامة السماء في إتجاه الشمال الغربي لمدة يومين وصولاً إلى غرب بحيرة البرلس.

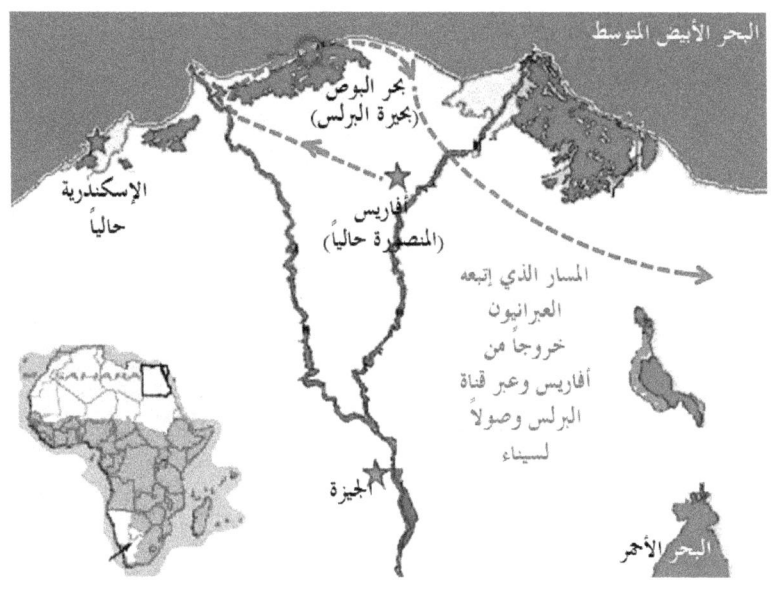

الشكل 40- مسار خروج العبرانيين من مصر

وعندما تخطهم العلامة السماوية وصارت خلفهم في إتجاه الشمال الشرقي إنتبه العبرانيون لضرورة تغيير مسارهم عند قرية روزيتا (و تُسمى رشيد حالياً- حيث إكتشفت البعثة الفرنسية حجر رشيد منذ ما يقرب من القرنين) وإلتفوا شرقا ليجدوا أنفسهم على طريق يحدهُ الماء من إتجاهين؛ البحر الأبيض المتوسط على يسار مسيرتهم وبحيرة البرلس على يمين مسيرتهم. وعند وصولهم القناة الضحلة التي تصل البحر بالبحيرة توقفوا وكان المنفذ الوحيد لهم هو أن تنضب مياه هذه القناة حتى يستطيعون إستكمال مسيرتهم. فماذا لو أن ثورة تيرا قد سحبت معها كميات هائلة من مياه البحر حتى علو شاهق بالسماء؟ حتماً ستنحسر المياه عن سواحل البحر الأبيض وتجف القنوات والخيران الضحلة المتصله به. في مثل هذه الظروف يتمكن العبرانيون من عبور القناة الجافة سيراً والوصول إلى الضفة الأخرى بأمان وسلام أو كما ذُكر بالتوراة سفر الخروج إصحاح 14:21 "وَمَدَّ مُوسَى يَدَهُ عَلَى الْبَحْرِ، فَأَجْرَى الرَّبُّ الْبَحْرَ بِرِيحٍ شَرْقِيَّةٍ شَدِيدَةٍ كُلَّ اللَّيْلِ، وَجَعَلَ الْبَحْرَ يَابِسَةً وَانْشَقَّ الْمَاءُ". كما يذكر التوراة سفر الخروج إصحاح 14:25 بأن المصريين عندما

حاولوا مطاردة العبرانيين عبر البحر غرزت عرباتهم الحربية في الرمال الرخوة وساروا بصعوبة وأن موجة تسونامي عاتية من جراء ثورة تيرا تكون قد أنهت المطاردة بحسم حينما جرفت في طريقها المطاردين وهكذا إستكمل العبرانيون خروجهم دون مساس أو كما ذُكر بالتوراة سفر الخروج الإصحاح 14:28:"فَرَجَعَ الْمَاءُ وَغَطَّى مَرْكَبَاتِ وَفُرْسَانَ جَمِيعِ جَيْشِ فِرْعَوْنَ الَّذِي دَخَلَ وَرَاءَهُمْ فِي الْبَحْرِ. لَمْ يَبْقَ مِنْهُمْ وَلاَ وَاحِدٌ". إن العديد من الباحثين يرى صعوبة توارد كل هذه الأحداث في آن واحد؛ الظلام التام لعدة أيام والعاصفة المحمّلة بالبَرَد وبلاء الطاعون والنهر الدامي والسمك والمواشي النافقة وغزو الحشرات والجراد ولكني أرى تفسيراً منطقياً لكل ما سبق. ماذا لو كانت علامة السماء هي إنعكاس ضوء الشمس على الشهب التابعة لنيزك أو كويكب كان يقترب من الأرض؟ ماذا لو كان ذيل المذنب من الغازات والبَرَد في مجال الرؤية بالعين المجردة من الأرض؟ هذا الوصف ينطبق على سرد التوراة والذي حث ورسم للعبرانيين طريق الخروج من مصر " نَهَارًا فِي عَمُودِ سَحَابٍ لِيَهْدِيَهُمْ فِي الطَّرِيقِ، وَلَيْلاً فِي عَمُودِ نَارٍ لِيُضِيءَ لَهُمْ". وقد تؤدي قبضة ذاك الكويكب المغناطيسية إلى إختلاف حركة النواة الداخلية المغناطيسية للأرض الأمر الذي نتج عنه زلازل مدمرة وبراكين وثورات أرضية مثل ذلك الذي أطاح بمعظم جزيرة تيرا بالسماء. إن مثل القبضة المغناطيسية قد تؤدي إلى ميل النواة الداخلية للأرض وبالتالي ضُعف المكون الرأسى لمجال القوى المغناطيسية مما يبطئ حركة الأرض فيمتد النهار في جانب من الأرض والليل في جانب آخر لعدة أيام " فَمَدَّ مُوسَى يَدَهُ نَحْوَ السَّمَاءِ فَكَانَ ظَلاَمٌ دَامِسٌ فِي كُلِّ أَرْضِ مِصْرَ ثَلاَثَةَ أَيَّامٍ". كما أن البَرَد الذي غمر سماء مصر وواصل طريقه نحو مياه نيلها قد يكون مصدره ذيل المذنب عند مروره بالقرب من الأرض. وعندما نأخذ في الحسبان تأثير سرعة ذاك الكويكب وكتلته على الغلاف الجوي عند مروره على مقربة من الأرض نستطيع توقع حدوث خلخلة عند نقطة التماس أي ضغط جوي سالب يتسبب في سحب الهواء للأعلى من جميع الأجواء المحيطة ومن ثم نشؤ ريح عاتية تندفع لملء إنخفاض الضغط الجوي وهكذا تعليل الريح الشرقية الشديدة التي هبت طوال الليل على جموع العبرانيين "وَمَدَّ مُوسَى يَدَهُ عَلَى الْبَحْرِ، فَأَجْرَى الرَّبُّ الْبَحْرَ بِرِيحٍ

شَرْقِيَّةٍ شَدِيدَةٍ كُلَّ اللَّيْلِ". ولكن من أين أتى هذا الكوكب المغير؟ وأين ذهب؟ وهل سيعاود الكرة؟ وهل سبق له زيارة المجموعة الشمسية من قبل؟ وبأي معدل تكرار؟

تصادم المذنّبات في البحر يجلب العديد من المشاكل للحياة على الأرض. فلو إصطدم مذنّب ذو نصف قطر يبلغ 200 متر (666 قدم) بمنتصف المحيط الأطلنطي على سبيل المثال (Hancock, The Mars Mystery, The Secret Connection linking Earth's ancient civilization and the Red Planet, 1998) لنشأت موجة تبلغ عمق 5 متر (16.6 قدم) على الأقل. ولكن عند وصول تلك الموجة إلى السواحل الضحلة لأمريكا وأوروبا وأفريقيا تتحول تلك الموجة إلى موجة تسونامي عارمة تطاول 200 متر (666 قدم) إرتفاعاً وبفارق زمني يبلغ دقيقتين بين الموجة والأخرى. وإذا كان المذنب ذو نصف قطر يبلغ 500 متر (1,665قدم) فإن الموجة الناجمة ستبلغ عمقاً يتفاوت من 50 إلى 100 متر (333 قدم). وحيث أن مُعامل تعاظم الموجة عند وصولها المياه الضحلة أو ما يطلق عليه 'معامل تسونامي' يبلغ 20 ضعفاً أو أكثر نستطيع أن نتخيل موجة مد غير مسبوقة تطاول عدة كيلومترات في الإرتفاع. ولن تلحظ سفينة بعرض المحيط الإنتفاخ الناشئ بسطح المحيط ولكن عند إقتراب ذاك الإنتفاخ من المياه الضحلة تبطئ حركة المياه وتتراكم فوق بعضها البعض مسببة هذا الجدار الصاعد من الماء. وتقوم المراصد السماوية بتتبع المذنّبات التي تقتفي مسارات قريبة من كوكب الأرض. وقد قامت وكالة الفضاء الأمريكية (ناسا)[30] برصد ما بين العشرين والثلاثين مذنّب سنويا في منتصف التسعينيات من القرن الماضي وكان أصغرهم لا يتعدى قطر 6 متر (20 قدم). ولقد تزايد هذا العدد بحيث تعدى المئات بحلول نهاية عام 2008 . وذكر جراهام هانكوك بكتابه (Hancock, The Mars Mystery, The Secret Connection linking Earth's ancient civilization and the Red Planet, 1998) أنه في منتصف

---

[30] http://neo.jpl.nasa.gov/stats/

التسعينيات تم التنسيق بين ناسا ووزارة الدفاع الأمريكية وعدة دول بغرض بناء كُتيب يضم تفاصيل مدار وحجم كل مذنب يزيد طول قطره عن 1 كيلومتر (0.6 ميل) ويتبع أثناء دورانه حول الشمس مساراً يتقاطع ومسار الأرض. وعلق جراهام هانكوك بقوله "أن الفلكيين قد تعلموا الكثير في خلال القرنين الماضيين عن المجموعة الشمسية وأن الأرض أثناء تحركها بسرعة 110,000 كيلومتر/ ساعة (66,000 ميل/ساعة) تجابه على طول مدارها مجموعات متباينة من المخلفات الكونية تتكون معظمها من مذنبات ضئيلة الحجم تحترق أثناء إقتحامها المجال الجوي للكرة الأرضية". ولكن المثير للقلق أن العديد من التصادمات التي تمت أو كادت أن تحدث كانت تشتمل على مجموعات وليس مُذنّبات فردية والحُفر الناجمة عنهم على سطح الأرض هي خير دليل ولو أنه قد إنطمست ملامح معظمهم نتيجة للحركة الديناميةالمستمرة للقشرة الأرضية وتجددها بصفة مستمرة ولأن الماء يغطي 71% من مسطح هذا الكوكب. وفي عام 1989 تم رصد مذنب يبلغ قطره 500 متر (1,665 قدم) على مسار يقطع مسار الأرض ولحسن الحظ كان هناك فرق زمني قدره 6 ساعات وتم تفادي كارثة من حجم لم تعشه البشرية من قبل. ومع أنه قد يخلو للبعض صغر كتلة تلك المذنبات مقارنة بكتلة الأرض فإن المشكلة الحقيقة تكمن في كمّ الطاقة الحركية المخزونة داخل تلك المقذوفات فتبلغ طاقة الجسم المتحرك حاصل ضرب نصف كتلته في مربع سرعته. وعند التصادم تتحول الطاقة الحركية إلى طاقة تفجيرية حيث أن المذنب تتوقف حركته في خلال مسافة لا تتعدى طول قطره وتولد موجات هوائية عارمة عالية التردد ويتولد في لمح البصر عدة ملايين من مقدار الضغط الهوائي عند سطح البحر وعدة آلاف من درجات الحرارة.

وقد كتب إيمليو سِبديكاتو بروفيسور بحوث العمليات بجامعة بِرجامو بإيطاليا في تقريرٍ له أن التخلخل الهوائي نتيجة التصادم وجسم يبلغ طوله 10 كيلومتر (6 ميل) سوف يشمل الكوكب بأكمله وأن الريح ستبلغ شدتها 2,400 كيلومتر/ساعة (1,440 ميل/ساعة) على بعد 2,000 كيلومتر (1,200 ميل) إذا بلغت قيمة الطاقة التفجيرية فقط 10% من الطاقة الحركية للمذنب لمدة 0.4 ساعة وبدرجة حرارة 480 مئوية. كما ستبلغ الريح 100 كيلومتر/ساعة

(60 ميل/ساعة) على بعد 10,000 كيلومتر (6,000 ميل) لمدة 14ساعة وبدرجة حرارة 30 مئوية. كما أضاف فيكتور كيلَبّ عميد قسم الفيزياء الفلكية بجامعة أُكسفورد وبيل نابير الباحث الفلكي بمرصد أرماه الملكي أن حساباتهما تشير إلى إحتراق الغابات بأوروبا لو أن مثل هذا التصادم السابق شرحة قد حلّ بالهند مما يؤدي إلى مئات الحرائق وإنبعاث 50 مليون طن من الدخان الأسود تملأ الغلاف الجوي بإرتفاع 10 كيلومتر (6 ميل) وتحجب ضوء الشمس عن سطح الكرة الأرضية.

حين رأى إبراهيم كوكباً تطالعنا بكتاب الله القرآن الكريم سورة الأنعام الآية 77-76 وفيها تملكت إبراهيم عليه السلام الحيرة أثناء محاولته التعرف على خالق الكون أو كما نصت الآية:

بِسْمِ اللهِ الرَّحْمنِ الرَّحِيمِ

"فَلَمَّا جَنَّ عَلَيۡهِ ٱلَّيۡلُ رَءَا كَوۡكَبٗاۖ قَالَ هَٰذَا رَبِّيۖ فَلَمَّآ أَفَلَ قَالَ لَآ أُحِبُّ ٱلۡأٓفِلِينَ (٧٦) فَلَمَّا رَءَا ٱلۡقَمَرَ بَازِغٗا قَالَ هَٰذَا رَبِّيۖ فَلَمَّآ أَفَلَ قَالَ لَئِن لَّمۡ يَهۡدِنِي رَبِّي لَأَكُونَنَّ مِنَ ٱلۡقَوۡمِ ٱلضَّآلِّينَ (٧٧) فَلَمَّا رَءَا ٱلشَّمۡسَ بَازِغَةٗ قَالَ هَٰذَا رَبِّي هَٰذَآ أَكۡبَرُۖ فَلَمَّآ أَفَلَتۡ قَالَ يَٰقَوۡمِ إِنِّي بَرِيٓءٞ مِّمَّا تُشۡرِكُونَ ".

ولكن كيف تمكن إبراهيم عليه السلام من رؤية كوكب بعين مجردة في ليلة كاحلة السواد (كلمة جنّ تعني الستر التام فلا ترى يدك من شدة الظلام) ؟ نحن نلحظ بالعين المجردة الشمس والقمر. ونرى الضوء المنعكس على كواكب المجموعة الشمسية، أثناء الليل، يضاهي الضوء الآتي من النجوم المتلألئة بالسماء. وحتى القرن السابع عشر لم يكن التليسكوب قد تم إختراعه بعد فكيف إستطاع إبراهيم عليه السلام تمييز ضوء كوكباً منفرداً بين لمعان النجوم؟ إلا إذا كان هناك بالفعل كوكب على مقربة من كوكب الأرض وبالإمكان رؤيته بالعين المجردة وليس بالضرورة أن يكون الكوكب بحجم القمر ولكن على الأقل على مسافة تجعل قرصه مرئياً بنفس درجة رؤية قرص القمر أو قرص الشمس. وحيث أنه ومما سبق كان أحدث مرور لذلك

الكوكب على مقربة من الأرض في زمن نبي الله موسى قبل3,500 – 3,600 عام مضى. فمتى كانت رؤية إبراهيم عليه السلام لنفس الكوكب -إن جاز- في الزمن القديم؟ إن معظم الباحثين والمؤرخين يدّعون أن إبراهيم عليه السلام قد عاش في عام 2,000 قبل الميلاد أي خمسمائة عام فقط قبل نبي الله موسى . ولكن بالرجوع إلى التوراة والأحاديث النبوية (Mozes, 2007) و(Abu-Salieh, 1999) نجد أن اليهود والمسلمين إتفقوا على أن إبراهيم عليه السلام هو أول من أُجريت له عملية الختان الذكري في تاريخ البشرية. ويؤكد البروفيسور جيمس سوين في خطابة الإفتتاحي لجمعية الجراحين ببريستول في عام 1908 بأنه لا توجد أثار لأي عمليات ختان ذكري عند المصريين القدماء قبل عهد الملك رمسيس الثاني (1310-1243 BC). ولكن لاحقاً وفي 28 مارس من نفس العام وفي الجريدة الطبية البريطانية (صفحة 732 أول فقرة) يطالعنا ج. إليوت سميث بقسم التشريح بجامعة مانشستر آنذاك (Smith, 1910) بأن العديد من رسوم المعابد المصرية القديمة تشير إلى إجراء عملية الختان الذكري 2,000 عام قبل عهد رمسيس الثاني بل أشار إلى أن العديد من المومياوات الأقدم بحوالي الألف عام قد أجريت لها عملية الختان الذكري. وهكذا وحيث أن إبراهيم عليه السلام قد سبق البشر في المثول لتلك العملية الضاربة في القدم حتى حوالي 7,000 عام فلابد وأن إبراهيم عليه السلام قد عايش الفترة 5,000 عام قبل الميلاد وليس العام 2,000 قبل الميلاد كما أشار المؤرخون مما يعني مرور ذلك الكوكب بالقرب من الأرض بمتوسط 3,550 عام. إن كواكب المجموعة الشمسية الثمانية تلُف في مدارات أحادية البؤرة أي مدارات دائرية أو شبه دائرية لها مركز أو بؤرة واحدة تحتلها الشمس. وأحد التفسيرات لمدار ذلك الكوكب المغير ولنطلق عليه إسم الكوكب التاسع الذي يأتي للزيارة كل 3,550 عام هو أنه كوكب ذو مسار 'قطاع ناقص' ثنائي البؤرة أي أنه يلتف حول نجمين، الأول نعرفه جميعاً ونراه يوميا وهو نجم الشمس والثاني هو نجم إنطفأ توهجه وأصبح كتلة ظلماء ولكنه ما زال عالي الكثافة والجاذبية وقادر على القبض على كواكب عدة لتدور حوله. ومما نراه في الشكل 41 يتبين أن هذا الكوكب يمر مرتين بمجموعتنا الشمسية يختلفان في الزمن اللازم لإتمامهما؛

دورة طويلة وفيها يترك هذا الكوكب المجموعة الشمسية في إتجاه النجم المظلم ليلتف حوله ثم يرتد إياباً نحو المجموعة الشمسية ليصلها بعد 3,550 عام أخرى. ويستمر في إتجاهه حتى يعبر الشمس ولكن قبضة الشمس تجبره على الإلتفاف حولها في دورة صغرى ليعود ويقارب الأرض مرة أخرى بعد حوالي 40 إلى 50 عاماً كما سنستدل فيما بعد في هذا الفصل.

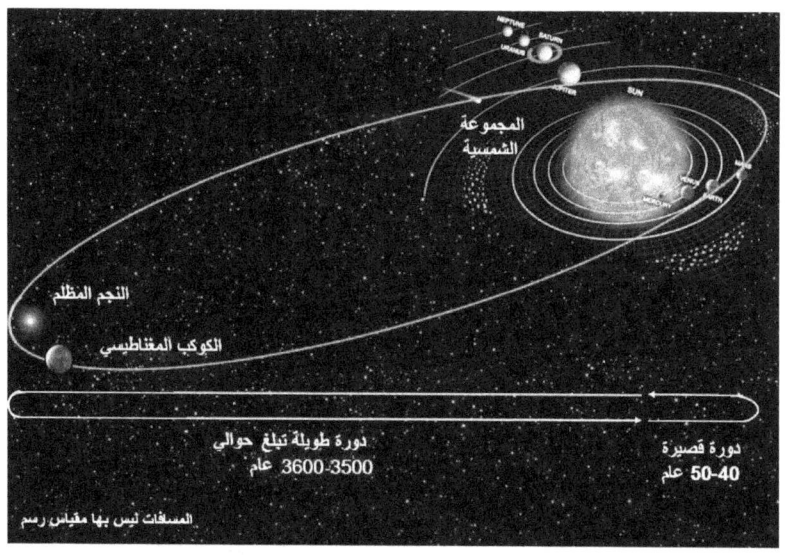

الشكل 41- دورة طويلة والأخرى قصيرة للكوكب التاسع.

ففي عام 1665 قام السير إسحق نيوتن بإكتشاف قانون الجاذبية وكيف أن هذا القانون يتم تطبيقه على الأجسام الكبيرة مثل القمر كما يتم تطبيقه على الأجسام الصغيرة مثل التفاحة أثناء إنجذابهما للأرض. وإستخلص نيوتن من ذلك أنه تنشأ قوة جذب بين كل جسم بالكون مهما بلغت كتلته وأطلق على قوة جذب الأجسام للتحرك نحو بعضها البعض بقوة الجاذبية وعرّف حينها قانون الجاذبية والذي ينص على "تتناسب القوة التي تجذب جسمين لبعضهما البعض تناسباً طردياً مع حاصل ضرب كتلتيهما وتناسباً عكسياً مع مربع المسافة بينهما". وعلى هذا فكلما إقترب جسمان من بعضهما البعض كلما زادت قوة الجذب بينهما وحينها يكتسبا الطاقة اللازمة للحركة

ويتسارعا بعجلة تتناسب عكسياً مع كتلة الجسم المتحرك. وحيث أن الكوكب التاسع يتمتع بكتلة أقل من كتلة الشمس غالباً وبما أن الشمس والكوكب يتعرضان لنفس قوة الجذب المتزايدة كلما إقتربا من بعضهما البعض فإن الكوكب الأقل كتلةً يتسارع بعجلة عالية ليتجاوز الشمس ولكنه لا يستطيع النفاذ كلية فيدور حول الشمس ويرتد كما أتى ويندفع من جديد تجاه النجم الآخر في دورة تستغرق 3,550 عاماً تنتهي بعودته للمجموعة الشمسية مرة أخرى وهكذا دواليك. وبالرجوع للتاريخ الحديث نجد أن رحلة أبوللو 13 في 11 إبريل عام 1970 كانت هي الرحلة الثالثة لروّاد الفضاء لإستكشاف القمر[31]. ولكن لا تأتي الرياح بما تشتهي السفن فقد عطُبت المركبة من جراء الإنفجار الذي نشأ بسبب خلل كهربي وأدى إلى فشل خزانات الأُكسيجين وفقدان طاقة كهربية في منتصف المهامه ومن ثَمَ أُلغيت مناورة النزول على سطح القمر وصدرت الأوامر بالعودة إلى الأرض وإلغاء مهامة الهبوط على سطح القمر. ومن دواعي الطمأنينة أن القمرة الرئيسية – والتي كان مقدراً لها العمل فقط في المرحلة الأخيرة من الرحلة –لم تتأثر من جراء الإنفجار بما فيها من طاقة كهربية وخزان الأُكسيجين خاص بها. وبدء رواد الفضاء في التدبير بكيفية العودة للأرض. ولحسن الحظ أن الإنفجار حدث أثناء الذهاب إلى القمر وعلى هذا كانت وحدة الهبوط القمري ما تزال رهن الإشارة بما فيها من وقود وأغذية ولو حدث الإنفجار أثناء الإياب من القمر وبعد أن تم التخلص من وحدة الهبوط القمري لإنعدمت فرصة نجاة رواد الفضاء. وعلى هذا قرر رواد الفضاء الإنتقال إلى وحدة الهبوط القمري وإستخدامها للعودة إلى الأرض. ولكن ظهرت مشكلة أخرى فقوة دفع وحدة الهبوط القمري الذاتية قد لا تكون كافية لتتبع المسار السليم وصولاً إلى الأرض. وهنا إتخذ رواد الفضاء قرارهم بالتوجه للقمر وإستغلال قوة الجاذبية الناشئة بين الوحدة والقمر للإلتفاف حوله وإكتساب عجلة سرعة عظيمة تكفي لدفع وحدة الهبوط القمري الضئيلة الكتلة على المسار السليم والوصول إلى الأرض. وقد كان أن تم نجاة رواد الفضاء. وعلى الرغم

---

[31] http://en.wikipedia.org/wiki/Apollo_13

من عدم إكتشاف أي مرصد فلكي للكوكب المغناطيسي حتى وقتنا هذا في خريف 2009 إلا أني أعتقد أن السيناريو المتّبع مع وحدة الهبوط القمري هو نفسه المتّبع في إكتساب الكوكب التاسع قوة جاذبية أكبر كلما إقترب من النجم المظلم وإلتفافه حوله ثُم دفعه بعجلة عظيمه في مساره البيضاوي نحو المجموعة الشمسية. وحيث أن الشمس يتكون سطحها من الهيدروجين (بنسبة 74% من الكتلة و92% من الحجم) والهليوم (بنسبة 24% من الكتلة و7% من الحجم) ونسبة ضئيلة من عناصر أخرى فإنه مع إقتراب الكوكب التاسع منها تتزايد قوة الجذب المغناطيسي وتبدأ الزلازل في الظهور على سطح الشمس ويصل تأثير موجاتها الإهتزازية حتى مركزها مثلما تتسبب بعض الزلازل على الأرض بإهتزازها كليةً. ولكن الزلازل الشمسية أقوى وأكثر طاقةً فعلى سبيل المثال يتساوى زلزال شمسي متوسط مع زلزال أرضي تبلغ قوته 11.3 بمقياس ريشتر أي 40,000 ضعف مقدار قوة الزلزال المدمر[32] الذي بلغ من القوة 8 بمقياس ريشتر وضرب مدينة سان فرانسيسكو عام 1906. وجرت العادة أن تثير تلك الزلازل العواصف الشمسية التي تؤثر على طبقات الغلاف الجوي للشمس (الفوتوسفير والكورونا والكروموسفير) وتتسبب بتسخين البلازما الشمسية ما يزيد عن 10 مليون درجة كلفْن مما يتسبب في إطلاق سيل الإلكترونات والبروتونات والأيونات الثقيلة بسرعة تقارب سرعة الضوء وبث موجات إشعاعية بجميع الأطوال بدءاً من موجات الراديو وحتى موجات جاما. ويتسبب إطلاق صراح القوى المغناطيسية المخزّنة بطبقة الكورونا في إشعال فتيل العواصف الشمسية والتي يتفاوت حدوثها من عدة مرات باليوم الواحد عندما تكون الشمس في حالة نشاط إلى مرة واحدة أو أقل كل أسبوع عندما تكون الشمس في حالة هدوء. وإتفق العلماء على أن الشمس تمر بفترة نشاط يبلغ الذروة كل 11 عام وتسمى هذه الفترة بالدورة الشمسية. وتتواجد البقع الشمسية على سطح الشمس في فترة الذروة بكثرة وتزيد العواصف الشمسية مما يُزيد من الأشعة السينية والفوق بنفسجية التي تصل للأرض وتعبث بطبقة الأيونوسفير

---

[32] http://en.wikipedia.org/wiki/Quake_(natural_phenomenon)#Sunquake

وتتسبب في تعطيل الإتصالات اللاسلكية طويلة المدى مثل الرادار والأجهزة الأخرى التي تعمل بالموجات طويلة المدى. وقد تتعطل أيضا الأجهزة الكهروميكانيكية مثل محركات المركبات بعد أن ينهمر عليها سيل من البروتونات والبوزيترونات في الحالة البلازمية ضمن الطاقة الجسيمية الآتية من الشمس مثلما سنتعرض لاحقاً في الفصل الرابع.

عندما توقفت الأرض أو عندما توقفت الشمس؟! إن التوراة تخبرنا عن أن العبرانيين قد ضلوا السبيل لمدة 40 عاما في شبه جزيرة سيناء بمصر. وعندما توفى نبي الله موسى تلقى يوشع بن نون مسؤولية القيادة من بعده وسار بالعبرانيين ليدحر الحيثيين والآخرين كما ورد في التوراة سفر يوشع إصحاح 5-1:1:

"1 وَكَانَ بَعْدَ مَوْتِ مُوسَى عَبْدِ الرَّبِّ أَنَّ الرَّبَّ كَلَّمَ يَوشُعَ بْنِ نُونٍ خَادِمَ مُوسَى قَائِلاً: 2 «مُوسَى عَبْدِي قَدْ مَاتَ. فَالآنَ قُمُ اعْبُرْ هذَا الأُرْدُنَّ أَنْتَ وَكُلُّ هذَا الشَّعْبِ إِلَى الأَرْضِ الَّتِي أَنَا مُعْطِيهَا لَهُمْ أَيْ لِبَنِي إِسْرَائِيلَ. 3 كُلَّ مَوْضِعٍ تَدُوسُهُ بُطُونُ أَقْدَامِكُمْ لَكُمْ أَعْطَيْتُهُ، كَمَا كَلَّمْتُ مُوسَى. 4 مِنَ الْبَرِّيَّةِ وَلُبْنَانَ هذَا إِلَى النَّهْرِ الْكَبِيرِ نَهْرِ الْفُرَاتِ، جَمِيعِ أَرْضِ الْحِثِّيِّينَ، وَإِلَى الْبَحْرِ الْكَبِيرِ نَحْوَ مَغْرِبِ الشَّمْسِ يَكُونُ تُخْمُكُمْ. 5 لاَ يَقِفُ إِنْسَانٌ فِي وَجْهِكَ كُلَّ أَيَّامِ حَيَاتِكَ. كَمَا كُنْتُ مَعَ مُوسَى أَكُونُ مَعَكَ. لاَ أُهْمِلُكَ وَلاَ أَتْرُكُكَ."

و تسترسل التوراة في وصف مسيرة جيش يوشع ضد تحالف الحيثيين والأموريين والكنعانيين وغيرهم بعد إستيلائهم على أريحا وعاي بعد ما يقارب من 40 إلى 50 عاما من خروج العبرانيين من مصر. وحينها تخبرنا التوراة أن الشمس قد توقفت في كبد السماء تلبية لدعاء يوشع حتى يستطيع إنهاء المعركة الدائرة قبل هبوط الليل وتفادي التأجيل حتى شروق شمس اليوم التالي عندما يُستأنف القتال. وأنا أرى أنه في ذاك اليوم قد عاد الكوكب التاسع من الدورة الصغيرة حول الشمس وتسبب في إلتفاف النواة الداخلية للأرض

وتلاشي المكون العمودي للمجال المغناطيسي مما تسبب بزوال قوة لورنتس وتوقف الأرض عن الدوران لفترةٍ ما وليس توقف الشمس أو كما ذُكر بالتوراة سفر يوشع إصحاح 10:1-15:

> 11 وَبَيْنَمَا هُمْ هَارِبُونَ مِنْ أَمَامِ إِسْرَائِيلَ وَهُمْ فِي مُنْحَدَرِ بَيْتِ حُورُونَ، رَمَاهُمُ الرَّبُّ بِحِجَارَةٍ عَظِيمَةٍ مِنَ السَّمَاءِ إِلَى عَزِيقَةَ فَمَاتُوا. وَالَّذِينَ مَاتُوا بِحِجَارَةِ الْبَرَدِ هُمْ أَكْثَرُ مِنَ الَّذِينَ قَتَلَهُمْ بَنُو إِسْرَائِيلَ بِالسَّيْفِ.
>
> 12 حِينَئِذٍ كَلَّمَ يَوشَعُ الرَّبَّ، يَوْمَ أَسْلَمَ الرَّبُّ الأَمُورِيِّينَ
> أَمَامَ بَنِي إِسْرَائِيلَ، وَقَالَ أَمَامَ عُيُونِ إِسْرَائِيلَ: «يَا شَمْسُ
> دُومِي عَلَى جِبْعُونَ، وَيَا قَمَرُ عَلَى وَادِي أَيَّلُونَ». 13
> **فَدَامَتِ الشَّمْسُ وَوَقَفَ الْقَمَرُ** حَتَّى انْتَقَمَ الشَّعْبُ مِنْ
> أَعْدَائِهِ. أَلَيْسَ هذَا مَكْتُوبًا فِي سِفْرِ يَاشَرَ؟ فَوَقَفَتِ الشَّمْسُ
> فِي كَبِدِ السَّمَاءِ وَلَمْ تَعْجَلْ لِلْغُرُوبِ نَحْوَ يَوْمٍ كَامِل. 14
> وَلَمْ يَكُنْ مِثْلُ ذلِكَ الْيَوْمِ قَبْلَهُ وَلاَ بَعْدَهُ سَمِعَ فِيهِ الرَّبُّ
> صَوْتَ إِنْسَانٍ، لأَنَّ الرَّبَّ حَارَبَ عَنْ إِسْرَائِيلَ. 15 ثُمَّ
> رَجَعَ يَوشَعُ وَجَمِيعُ إِسْرَائِيلَ مَعَهُ إِلَى الْمَحَلَّةِ فِي الْجِلْجَالِ.

أو بمعنى آخر إمتد النهار أطول من الزمن المعتاد أو أن الساعة أصبحت "أكثر من 60 دقيقة" كما إخترتُ عنواناً لهذا الكتاب.

ماذا عن نوح عليه السلام؟ والذي يعتقد بعض العلماء أنه عاش ما بين 8,000 و 9,000 عام قبل الميلاد. هل من الممكن أنه كان للكوكب التاسع زيارة سابقة للمجموعة الشمسية قبل ما يقارب من 10,600– 11,000 عام ؟ وأن ظروف مشابهة قد مرت بكوكب الأرض؟ دعنا نتلمس ما قد حدث آخذين في المرجعية نصوص الرسالات السماوية : بدايةً يتمكن الكوكب التاسع من التأثير على النواة الداخلية للأرض والتسبب بميلها الأمر الذي تسبب بزحزحة القطبين المغناطيسيين على سطح الأرض عن مستقريهما آنذاك. وعندها تختلف خريطة الطاقة الإشعاعية بطبقة الثرموسفير

وتتسبب بإذابة الجليد الذي تراكم على مدار الآلاف من السنين مثلما يحدث الحين. على أن زحزحة القطبين المغناطيسيين والتي بدأت تدريجياً سرعان ما تزداد مع إقتراب الكوكب التاسع إلى أن تأتي اللحظة التي يبتعد القطبين المغناطيسيين بغتةً وكليةً عن مستقريهما و يتسبب ذلك بحدوث تغيُّر حاد في زاوية الإختلاف بين خطوط مجال القوى المغناطيسية ومسارات الإلكترونات داخل النواة الخارجية المتعامدة على محور الدوران مسببةً تغيُّر في سرعة دوران الأرض و بالتالي تغيُّر مستوى مياه المحيطات.

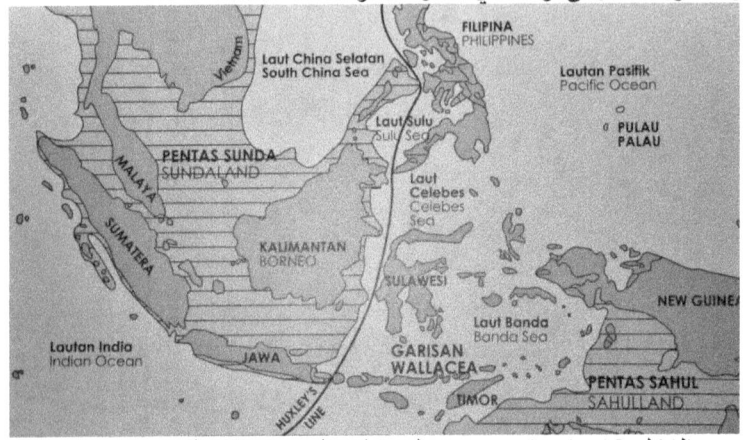

الشكل 42- إرتفاع مستوى المحيط بماليزيا بدورة كل 3,000 سنه

فكلما زادت سرعة دوران الأرض إرتفعت المحيطات عند المدار الاستوائي وقلت عند القطبين الجغرافيين ولو كان تغيُّر موقع القطبين المغناطيسيين فجائي مما يتسبب بزيادة فجائية بسرعة الأرض لكان إرتفاع مستوى المحيطات فجائياً مسبباً فياضانات عظيمة بكافة بقاع الأرض الواقعة شمالي وجنوبي المدار الأستوائي حيث كانت معظم الحضارات القديمة التي تحدثت عن الفيضان العظيم. وليس فقط ما ذكر بالكتب السماوية عن الفيضان العظيم ولكن هناك أيضاً أدلة جيولوجية مثل الإرتفاع المفاجئ لمستوى البحر بماليزيا منذ ما يقرب من 11,000 سنة وقد كنت بزيارة للمتحف الوطني بكوالالمبور حيث أخذت لقطة بكاميرتي للخريطة[33] المبينة بشكل 42 وأقتبس ما كتب تحتها كما يلي: "**مرت 3 أحداث إرتفاع مفاجئ لمياه**

[33] https://museumvolunteersjmm.com/2016/06/

المحيط قبل 14,000 و 11,500 و 8,000 سنة مضت بصفيحة الصنده التكتونية". و قد كنت دائم التعجب من إرتفاع متوسط الأعمار في الأزمنة السحيقة فنبي الله نوح وآخرون كانوا قد قاربوا الألف عام في حين أن سقف الأعمار في زمننا الحالي لا يتعدى المائة إلا نادراً. ولكن إذا ما تدبرنا في نصٍ بالفصل الأول من هذا الكتاب "تعد الغدة الصنوبرية والتي تنشط مع الضوء وتتحكم في توازن العديد من الوظائف الحيوية للجسم هي آخر غدة صماء تم إكتشافها فهي تعمل مع غدة الهيبوثَلاموس لتوجيه الإحساس بالجوع والعطش والرغبة الجنسية والساعة البيولوجية والتي ترسم سرعة زحف الشيخوخة". كما يطالعنا نص بالفصل الثاني "تنشأ قوة لورنتس بقيم شبه متساوية وفي إتجاهات زوجية معاكسة على محيط الشكل المفلطح للنواة الخارجية مما يمثل عزم يدفع ويستمر بدفع الكوكب على الدوران عكس إتجاه حركة عقارب الساعة في الوقت الراهن" كما أضيف نصاً "تتناسب قوة لورنتس مع شدة التيار الكهربي وشدة مجال القوى المغناطيسية وزاوية الإختلاف بين إتجاه المجال المغناطيسي وإتجاه محور دوران الأرض حول نفسها". فلو زادت زاوية الإختلاف حتى تمركز القطبين المغناطيسيين على سبيل المثال بالهند والبرازيل فلسوف تبطء سرعة دوران الأرض حول محورها ويزداد طول الليل والنهار. إن الأرض ستستمر كما هو معتاد في الدوران حول الشمس في نفس الفترة الزمنية الحالية أو ما نسميه السنة الشمسية. ولكن تعاقب الليل والنهار سيصبح أقل تكراراً عن 365. فعلى سبيل المثال لو إنخفض تعاقب الليل والنهار بعشرة أضعاف وأصبح 36 تعاقباً فقط خلال السنة الشمسية فلسوف تستجيب الغدة الصنوبرية ويتباطئ زحف الشيخوخة بنفس النسبة لتزداد الأعمار من مائة إلى ألف عام. فهل من الممكن أن تعاود تلك الأحداث الكرّة مع إقترابنا من 3,550 عام منذ آخر زيارة للكوكب التاسع للمجموعة الشمسية؟ ليس هذا فحسب ولكن هل سينفلق القمر قسمين مثلما ذُكر في القرآن الكريم بسورة القمر؟

بِسْمِ اللهِ الرَّحْمنِ الرَّحِيمِ

"ٱقۡتَرَبَتِ ٱلسَّاعَةُ وَٱنشَقَّ ٱلۡقَمَرُ (١)".

القمر كرة جوفاء هو عنوان كتاب صدر عام 1972 من تأليف دافيد نيفين ثم تحول لاحقاً إلى فيلم. ولا يمت الكتاب للعلوم بشئ ولكنه دفعني للتساؤل: ماذا لو كان القمر حقاً جسماً أجوفاً؟ وهل يُعقل ذلك؟ وكان أن قام جيم مارس بتناول ذلك التساؤل في كتابه بعنوان *Alien Agenda* (Marrs, 1997) 'جدول أعمال القادمين من الفضاء' وفيه تساءل ماذا لوكان القمر هو أكبر جسم فضائي من صُنع كائنات أخرى قد تم إحضاره ووضعه في مدار ثابت حول الأرض؟ ففي أثناء رحلات أبوللو قام رواد الفضاء بوضع مجسات قياس إهتزازية أي سيزموغرافية في ستة مواقع على سطح القمر. وقد تم تسجيل حتى ستة آلاف زلزال ما بين عامي 1969 و1977 عندما توقفت المجسات عن العمل. ويتسبب إرتطام النيازك بسطح القمرعادة بهزات صغيرة. وهناك العديد من المؤشرات التي تجعل المرء يعتقد بأن القمر أجوفاً فمتوسط كثافته 3.34 جم/ سم^3 على العكس من متوسط كثافة قشرة المانتل للكرة الأرضية والبالغة 5.5 جم/ سم^3. وإعتقد د.هارولد أوري الحائز على جائزة نوبل في الكيمياء بأن قلة كثافة القمر تعود إلى وجود أحجام كبيرة من الكهوف أو المواد قليلة الكثافة تحت سطح القمر أو ما يطلق عليه " البناء الشامل السالب". وكتب د. شون س. سولومون خريج معهد ماساشوسيتس للتكنولوجيا مدير قسم المغناطيسية الأرضية بمعهد كارناجي بواشنطون: "إن المسبارات القمرية قد زودتنا بمعلومات حول مجال الجاذبية القمرية مما يدل على إحتمال غير بعيد بأن القمر هو جسم أجوف". وهذا عكس المتعارف عليه فمحال أن يوجد كوكب طبيعي بقلب أجوف. وظهر أكبر دليل في عام 1969 عندما وجّه رواد أبوللو 12 ، عند بدء عودتهم للأرض ، بمركبة التحكم بعد إنتهاء دورها لترتطم بسطح القمر على بعد 64 كيلومتر (40 ميل) من موقع هبوط أبوللو وتتسبب بزلزال إصطناعي. وهنا حدث ما لم يكن بالحسبان عندما سجلت المجسات السيزموجرافية فائقة الحساسية إهتزاز القمر لمدة تجاوزت الساعة مثلما يهتز ناقوس أجوف فقد إستغرق القمر ثمان دقائق للوصول إلى أعلى مقياس إهتزاز ثم بدأ في الإضمحلال تدريجياً. وأثناء رحلة أبوللو 13 قام الرواد بالتخلص من قطاع المرحلة الثالثة ليرتطم بسطح القمر بقوة توازي إحدى

عشر طناً من مادة تي إن تي وكما ذكرت وكالة الفضاء الأمريكية (ناسا) فقد إهتز القمر مثل الناقوس القرصي (Marrs, 1997) وإستمر في الإهتزاز لمدة ثلاث ساعات وثلث. ويبدو أن القمر يتمتع بقشرة صلبة قوية على سطحه وقلب خفيف أو تجويف بداخله. وتحتوي قشرة سطح القمر على معادن مثل التايتنيوم والذي يستخدم ببناء الطائرات ومركبات الفضاء ولقد أعلن الخبراء عن دهشتهم من وجود النحاس، والميكا والأمفيبول بالإضافة إلى التيتانيوم عالي النقاء وأنه السبب في تلون المناطق الواطئة على سطح القمر باللون القاتم. وكتب جيم مارس أنه قد تم التعرف على بلوتونيوم 236 ونبتنيوم 237 في صخور القمر وهما مادتان لم يتسنى التعرف عليهما من قبل كمكونات من صُنع الطبيعة طبقاً لما ذكره معمل أراجون الوطني بالولايات المتحدة. وبينما يحاول العلماء تفسير وجود مثل هذه المواد في تربة سطح القمر إذ بهم يكتشفون ذرات حديد غير قابل للصدأ في عينة التربة التي حصلوا عليها من منطقة بحر العواصف بسطح القمر. وفي عام 1976 صرحت وكالة الأسوشيتدبرس أن السوفيت قد إستطاعوا عن طريق رحالات سفنهم للقمر أن يحصلوا في عام 1970 على عينات من تربة القمر بها ذرات حديد غير قابل للصدأ. ومن العجيب أنه لم يوجد من قبل على وجه الأرض حديداً غير قابل للصدأ وأن التقنيات الحديثة لم تمكن البشر بعد من تصنيع مثل ذلك الحديد!

إنشطار القمر قد ذُكر بواسطة جراهام هانكوك في معرض كتابه 'أسرار كوكب المريخ' (Hancock, The Mars Mystery, *The Mars Mysteries* The Secret Connection linking Earth's ancient civilization and the Red Planet, 1998) حيث وصف ما دونه القس جيرفاس من كاتدرائية كانتربري في القرن الثاني عشر والذي تُعد مدوناته ذات مصداقية بين الباحثين وتُعتبر بمثابة جزء من التاريخ. كتب القس جيرفاس أنه في الخامس والعشرين من شهر يونيو عام 1178 وبعد هبوط الليل في ليلة إنعدمت فيها السحب وبزغ هلال القمر لامعاً جلس خمسة أصدقاء للسمر

والحوار على مشارف مدينة كانتربري. وفجأة وهذا نص ما كتبه القس مترجماً للعربية:

"إنشطر القرن العلوي للهلال وفي منتصف الإنشطار إنبثقت شعلة من اللهب لافظةً ناراً وشراراً وفحماً ساخناً حتى مسافة غير قصيرة. وفي تلك الأثناء إرتعد من تحتها جسم القمر في جزع. وخفق القمر لفترة كما لو كان ثعباناً يتلوى ثم إستوى هدوءاً كما كان من قبل".

"The upper horn split in two. From the midpoint of the division a flaming torch sprang up, spewing out, over a considerable distance, fire, hot coals and sparks. Meanwhile, the body of the Moon, which was below, writhed as if it were in anxiety. The Moon throbbed like a wounded snake. Afterwards it resumed its proper state".

وقد يكون أحد التفسيرات المقبولة أن جسم القمر يتألف من شطرين يظلان متلاصقان ويخضعان في ذلك لقانون نيوتن الأول للحركة الذي نص على أن يظل جسم ما في حالة سكون أو حركة ما لم تؤثر عليه قوة أو قوى خارجية مثل نيزك عالي الكتلة أو الكثافة أو فائق السرعة ليجذب نصف القمر القريب بينما يظل النصف الأبعد في قبضة الجاذبية الأرضية ومن الطبيعي أن يتأتي وضع توازن بين الأجسام الأربعة في ظل قوى الجاذبية التي تشد الأجسام لبعضها البعض بالإضافة لقوى الطرد المركزية التي تبعد الأجسام الدوراة عن بعضها البعض وبالتالي عدم التصادم. ويعود شطري القمر لحالتهما المتلاصقة بعد مرور ذاك المذنب أو الكويكب.

الساعة قد ذُكرت في عدة مواضع بكتاب الله القرأن الكريم وعندها تحدث أحداثاً جسام تحل بُغتةً بالبشر. فهل تكون الساعة هي الزمن الذي تبطؤ عنده حركة دوران كوكب الأرض وبالتالي إستغراقها أكثر من 24 ساعة لإتمام دورة كاملة حول محورها أو توقفها عن الدوران أو دورانها في الإتجاه العكسي؟ حتما سترتبك ساعة الأرض المتعارف عليها والتي تمثل فترة زمنية

ثابتة تبلغ 3600 ثانية تدور فيه الأرض 1/24 دورة حول محورها. وفي حين يظن البعض أن بزوغ الشمس من الغرب منظراً فريداً وخلاباً إلا أن إضطرابات القشرة الأرضية والزلازل والبراكين والرماد البركاني وذوبان الجليد المتسارع وموجات التسونامي العارمة وفياضات الأمطار المستمرة ستمنع البشر حتما من التفكير بأي شئ آخر غير التدبُّر وإلتماس أساليب النجاة. ولا نجد في سورة القمر حدوث إنشطار القمر مع إقتراب الزمن الذي ترتبك فيه الساعة فحسب ولكننا نجد إشارة لأزمان أخرى تكررت فيها حوادث الساعة الجسام أو كما أسهبنا من قبل 1) قوم نوح في زمن نبي الله نوح و2) قوم لوط في زمن إبراهيم عليه السلام ثم 3) فرعون مصر في زمن نبي الله موسى وتفصل بينهم ما يقارب من 3,550 سنةً على التوالي.

بِسْمِ اللهِ الرَّحْمنِ الرَّحِيمِ

" كَذَّبَتۡ قَبۡلَهُمۡ قَوۡمُ نُوحٍ فَكَذَّبُواْ عَبۡدَنَا وَقَالُواْ مَجۡنُونٌ وَٱزۡدُجِرَ (٩) فَدَعَا رَبَّهُۥٓ أَنِّى مَغۡلُوبٌ فَٱنتَصِرۡ (١٠) فَفَتَحۡنَآ أَبۡوَٰبَ ٱلسَّمَآءِ بِمَآءٍ مُّنۡهَمِرٍ (١١) وَفَجَّرۡنَا ٱلۡأَرۡضَ عُيُونًا فَٱلۡتَقَى ٱلۡمَآءُ عَلَىٰٓ أَمۡرٍ قَدۡ قُدِرَ (١٢)".

بِسْمِ اللهِ الرَّحْمنِ الرَّحِيمِ

"كَذَّبَتۡ قَوۡمُ لُوطٍۭ بِٱلنُّذُرِ (٣٣) إِنَّآ أَرۡسَلۡنَا عَلَيۡهِمۡ حَاصِبًا إِلَّآ ءَالَ لُوطٍۖ نَّجَّيۡنَٰهُم بِسَحَرٍ (٣٤) نِّعۡمَةً مِّنۡ عِندِنَا كَذَٰلِكَ نَجۡزِى مَن شَكَرَ (٣٥)".

بِسْمِ اللهِ الرَّحْمنِ الرَّحِيمِ

"وَلَقَدۡ جَآءَ ءَالَ فِرۡعَوۡنَ ٱلنُّذُرُ (٤١) كَذَّبُواْ بِـَٔايَـٰتِنَا كُلِّهَا فَأَخَذۡنَـٰهُمۡ أَخۡذَ عَزِيزٍ مُّقۡتَدِرٍ (٤٢) أَكُفَّارُكُمۡ خَيۡرٌ مِّنۡ أُوْلَـٰٓئِكُمۡ أَمۡ لَكُم بَرَآءَةٌ فِى ٱلزُّبُرِ (٤٣) أَمۡ يَقُولُونَ نَحۡنُ جَمِيعٌ مُّنتَصِرٌ (٤٤) سَيُهۡزَمُ ٱلۡجَمۡعُ وَيُوَلُّونَ ٱلدُّبُرَ (٤٥) بَلِ ٱلسَّاعَةُ مَوۡعِدُهُمۡ وَٱلسَّاعَةُ أَدۡهَىٰ وَأَمَرُّ (٤٦)".

حضارة المايا بأمريكا الوسطى قد وضعت بين يدينا رزنامة أطلقوا عليها إسم الدورة الكبرى وتمثل بعدد 1,872,000 من الأيام (Gilbert, 2007) ولقد تعجبت من تمثيل دورة زمنية بالغة الكبر بالأيام وليس بالسنين! ووجدت أن العلماء قاموا بالقسمة على 365.25 لإيجاد عدد السنين المقابل فوجدوه 5,125 سنة شمسية. وأعتقد أن هناك خطأ ما. فحين فك جوزيف جودمان شفرة رزنامة المايا لم يأخذ في الإعتبار إعتقاد شعب الأزتيك والذي كان يجاور شعب المايا في أن نهاية دورة وبداية دورة جديدة يجب أن يتواءم وعدد 52 ففي نهاية كل 52 سنة شمسية كانوا يقيمون إحتفالاً كبيراً تحسباً لتوقف الأرض عن الإلتفاف حول محورها ومن ثم ثبات الشمس في السماء لفترة ما قبل عودة الأرض لدورانها حول محورها ومن ثم جريان الشمس في السماء من جديد (أو كما أسموها مولد شمس جديدة). وعند قسمة 5,125 واالتي جاء بها جوزيف جودمان على 52 ينتُج 98.56 أي عدد غير صحيح! وهنا إستعيد ما قدمته سابقاً من أن كوكب الأرض مر بفترات أو دورات كانت سرعة إلتفافه حول محوره مختلفة عن زمننا هذا فماذا لو كان الإنفجار العظيم لجزيرة ثيرا والذي واكب خروج بني إسرائيل من مصر قد جاء 1,597[34] سنة قبل الميلاد على وجه التحديد وبعده ب 52 سنة أي 1,545 سنة قبل الميلاد توقفت الشمس والقمر إلى أن إنتهى يوشع من القتال وأن الدورة الصغرى لتغيُّرات الكرة الأرضية تبلغ 3,562 سنة وأن دورة المايا الكبرى تبلغ ضعف هذا العدد من السنين؟ فهنا تتجمع الخيوط بحيث تنقسم عدد أيام دورة المايا الكبرى البالغة 1,872,000 يوم إلى قسمين: الأول ويبلغ 1,301,020 يوماً تمثل 3,562 سنة إذا ما إعتبرنا أن السنة تبلغ 365.25 يوماً والثاني ويبلغ 570,979 يوماً تمثل 3,652 مما يعني أن السنة الشمسية كانت 160.30 وأن الشهر كان 13 يوماً كما كان يقوم عند المايا. وبقسمة عدد سنين الدورة الكبرى أي 7,124 على 52 كما كان يؤمن شعب الأزتيك نجد الناتج عدد صحيح مما يعني دقة هذه الإفتراضية وعليه فإن مقولة العديد من أن نهاية الدورة الكبرى لرزنامة المايا وبداية دورة جديدة

---

34 http://www.cimat.mx/~blaauwm/wiggles/Friedrich-etal-2006-Science-Santorini.pdf

في 21 ديسمبر 2012 مقولة خاطئة والأجدر التصحيح فنهاية دورة وبداية أخرى سيتأتى في عام 2017 أو 2024 والله أعلم.

ظواهر أخرى من حضارات بائدة تتطالعنا بداية من شعب الأفيستك الأري والذي عاش بإيران منذ 8,000 سنة قبل الميلاد (Tilak, 1903) فقد دونوا ثلاث حقب زمنية قبل الحقبة التي نحياها حالياً. وقد ذكروا أن تغيُّراً فجائياً للمناخ قد صاحب الحقبة الأولى فتغير المناخ من 5 أشهر مناخاً شتوياً و7 أشهر مناخاً صيفياً إلى 10 أشهر مناخاً شتوياً وشهرين فقط مناخاً صيفياً مع طول فترة زمن اليوم الواحد. ولو إفترضنا وجود شعب الأفيستيك بوسط إيران كما هي على الخريطة حالياً فلا بد وأنه للتمتع بخمسة أشهر من المناخ الشتوي قبل بدء الحقبة الأولى أن إيران كانت تقبع في حزام المناخ القاري أي على بعد 3,600 كم (2,250 ميل) تقريباً من القطب المغناطيسي حيث يتمركز الجليد. وبما أن مواضع إنعكاس القطب المغناطيسي (بلازمويد) لم تنشأ قبل 10,000 عاماً مضت تقريباً فيبدو أن سرعة دوران الأرض حول محورها كانت من البطء الذي نتج عنه تدفق الإلكترونات بالنواة الخارجية السائلة للأرض في خطوط مستقيمة وبالتالي عدم تولد أي مجال مغناطيسي معاكس على سطح القارة القطبية الجنوبية. وكما ذكرت قبلاً فأن زاوية الإختلاف بين المحور المغناطيسي والمحور الجغرافي للأرض هي التي تؤثر على القوى الدافعة لدوران الأرض فإذا كانت ضعيفة فلا بد وأن زاوية الإختلاف كانت تتراوح عند 5.00° شمالاً أي بمكان ما بجنوب شبه القارة الهندية أو المحيط الهندي. وبالمثل فإنه ومع تغير المناخ لتبلغ عدد شهور الشتاء بإيران 10 أشهر فلابد وأن الحزام الحراري الذي شمل إيران قد تغير إلى الحزام القطبي البارد أو أن المسافة بين إيران وموضع القطب المغناطيسي الجديد وبالتالي مركز الجليد قد تضاءل إلى 2,600 كم (1,625 ميل) أي بمكان ما بشبه القارة الهندية عند 15.00° شمالاً. وكما ذكرنا من قبل فإن كلٍ من القطبين المغناطيسيين يتحرك بمعزل عن الآخر فلا يعني وجود قطب مغناطيسي بالهند أن يتواجد القطب المغناطيسي الآخر على السطح المقابل لكوكب الأرض أي بالمحيط الهادئ غرب الاكوادور. وتنتابنا الحيرة لإستمرار تواجد الجليد

على سطح أنتارتيكا على مر عشرات الآلاف السنين مع إستمرار تحوال القطبين المغناطيسيين. ولكن الجليد ، على عكس جذع الشجرة الذي تدل حلقاته على مر السنين ، يشير إلينا فقط بالجليد الذي لم يذب. فقد يكون الذوبان من جانب واحد أو قد يكون جزئياً. وقد ساعدت إزاحة القطب المغناطيسي بجنوب الكرة الأرضية لمسافات ضئيلة نسبياً بقارة أنتارتيكا والمحيط القريب منها على عدم ذوبان الجليد الجنوبي كليةً فعندما يتكون الجليد فوق مياه المحيط تحتفظ الأرض القريبة منه بدرجات حرارة متدنية تساعد على عدم ذوبان الجليد. ويحكي لنا هنود الطوبا والقاطنين بمحل بين الباراجواي والأرجنتين وشيلي (Hancock, Fingerprits of the Gods, 1995) عند خط عرض 21° جنوباً أنه نقلاً عن روايات وأساطير الأجداد قد حل زمان إنقلب فيه المناخ إلى صقيع فجأةً. ولو تدبرنا في تغيُّر درجة الحرارة بوسط أمريكا اللاتينية قبل 10,000 سنة خلت من بارد إلى صقيع أو بمعنى أخر من حزام قاري إلى حزام قطبي بارد أو من 3,600 كم (2,250 ميل) إلى 2,600 كم (1,625 ميل) قرباً من القطب المغناطيسي مع الحفاظ على جليد أنتارتيكا نسبياَ لوجدنا الموقع المحتمل للقطب المغاطيسي بعد ذلك التغيُّر هو 70.00° غرباً و 60.00° جنوباً مما يعني إنقلاب مناخ هنود الطوبا ويبرر فترة الصقيع التي حلت بهم فجأة. ولكن ما الذي تسبب في إلتفاف النواة الداخلية للأرض مما نتج عنه تحرك قطبيها المغناطيسيين على السطح؟ هل هو نفس الكوكب التاسع الذي لاحظه نبي الله إبراهيم عليه السلام في الحقبة اللاحقة؟ ونجد الإجابة عند هنود الكاتو بكاليفورنيا فقد نقلوا عن إجدادهم وعبر أغاني فلكلورية تناقلتها الأجيال أنه مر زمن طال فيه الليل أكثر من المعتاد وأن الشمس بدلاً من مسارها المعتاد قد تلوت بالسماء وجابت الظلام بسرعة عالية كما لو كانت شهب من الشهاب. وصاحب تلك الظاهرة حالة من الجفاف أصابت الزرع والضرع وإندلعت حرائق الغابات بصورة لم يسبق لها مثيل. وهنا أميل للإعتقاد بأن سرعة دوران الأرض حول محورها قد بطء أو أن الأرض توقف لعدة أيام في الدوران حول محورها مما تسبب بطول الليل عن المعتاد في نصف الكرة الأرضية الغربي بسبب إقتراب ذلك الكوكب التاسع و أن هنود الكاتو قد إختلط عليهم

الأمر فإعتقدوا أنه الشمس نظراً لتوهجه وعظيم حركته. كما أميل للإعتقاد بإن القبضة المغناطيسية لذلك الكوكب قد جذب بعض خطوط مجال القوى المغناطيسية المغلف للأرض مما نتج عنه ضعف المجال المغناطيسي المغلف للأرض وإزدياد سرعة البروتونات الآتية من الشمس ذهاباً وإياباً بين قطبي الأرض المغناطيسيين مولدة طاقة حرارية أكبر بطبقة الترموسفير وذلك عند إصطدامها بجزيئات الهواء وبالتالي إزدياد درجة حرارة سطح الأرض بدرجة غير مسبوقة وإندلاع الحرائق خلال فترة مرور الكوكب التاسع عن مقربة من كوكب الأرض.

ملامح الدورات تتباين بين دورة وأخرى فكل دورة تبلغ 3,562 سنة ولكن ما عدد الأيام بالسنة الشمسية لكل دورة؟ وما هي سرعة دوران الأرض حول محورها؟ وما هو موقع القطب المغناطيسي والأحزمة الحرارية التابعة والتغيُّرات المناخية؟ إلى آخره. فقبل 10,600 سنة لم توجد أقطاب مغناطيسية جنوبية بالقطب الجنوبي (بلازمويد) مما يعني دوران الأرض بسرعة بطيئة وعدم دوران الإكترونات بطبقة النواة الخارجية وبالتالي عدم نشؤ مجال مغناطيسي متولد بسبب التيار الكهربي. وبالرجوع إلى متوسط عمر الإنسان في هذه الفترة بالسنين نجده قد لامس الألف عام. فإذا تذكرنا أن شيخوخة البشر تُحسب بالأيام وليس بالسنين بتأثير الغدة الصنوبرية نجد أن نفس نسبة طول عدد السنين الشمسية لعمر البشر هي نفسها نسبة طول عدد الساعات باليوم الواحد أو نسبة قصر عدد الأيام بالسنة الشمسية الواحدة. وهكذا فحين بلغ متوسط العمر في زمننا هذا 80 عاماً بواقع 365 يوماً بالسنة الشمسية بلغ متوسط العمر قبل 10,600 سنة 900 عاماً بواقع 32 يوماً بالسنة الشمسية الواحدة.أو المعادلة:

عمر الإنسان (يوم)= عدد الأيام بالسنة $_أ$ X عدد سنين العمر $_أ$

حيث تمثل قيمة المعامل أ أيٍ من الدورات. وعلى هذا فإن أدق موقع للقطب المغناطيسي حينها هو خط عرض 5.00^{o} شمال حيث تتناقص تمام جيب زاوية الإختلاف و التي تبلغ 85.00^{o} مع نفس نسبة النقصان بعدد الأيام بالسنة الشمسية مما يتماثل والتفسير بفصل "ظواهر أخرى من

حضارات بائدة" بهذا الفصل من الكتاب. وهكذا يمثل الشكل 43 الملامح الأساسية لكل دورة.

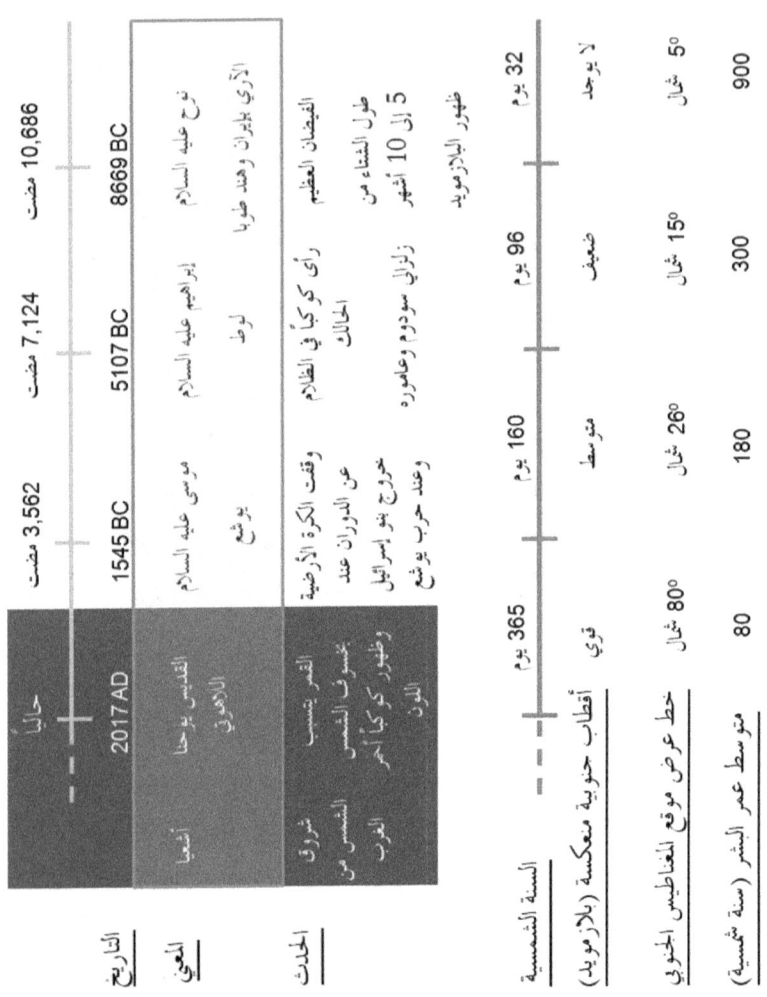

	حالياً	3,562 مضت	7,124 مضت	10,686 مضت
التاريخ	2017 AD	1545 BC	5107 BC	8669 BC
المعني	أشعيا / القديس يوحنا اللاهوتي	موسى عليه السلام / يوشع	إبراهيم عليه السلام / لوط	نوح عليه السلام / الآري بإيران وهند طوبا
الحدث	شروق الشمس من الغرب / القمر يتسبب بخسوف الشمس وظهور كوكباً أحمر اللون	وقفت الكرة الأرضية عن الدوران عند خروج بنو إسرائيل وعند حرب يوشع	رأى كوكباً في الظلام الحالك / زلزالي سودوم وعاموره	الفيضان العظيم / طول الشتاء من 5 إلى 10 أشهر / ظهور البلازمويد
السنة الشمسية	365 يوم	160 يوم	96 يوم	32 يوم
أقطاب جنوبية منعكسة (بلازمويد)	قوي	متوسط	ضعيف	لا يوجد
خط عرض موقع المغناطيس الجنوبي	80° شمال	26° شمال	15° شمال	5° شمال
متوسط عمر البشر (سنة شمسية)	80	180	300	900

شكل 43- دورية تغيُّرات الأرض وعدد أيام السنة الشمسية

الكوكب التاسع هو التالي في الإكتشاف بعدما أكد الفلكيون وجود 8 كواكب بالمجموعة الشمسية شاملة بالإضافة إلى 3 كويكبات من الحجم

الصغير أو القزم. وقد عرف الإتحاد الدولي للفلك الكوكب بأنه "الجسم الفضائي الذي له (أ) مدار حول النجم أو الشمس و(ب) له كتلة كافية لتستطيع جاذبيتة الذاتية الوصول به إلى توازن هيدروستاتيكي وتكوينه في شكل كروي و (ج) أنه قد أخلى مساره من أي أجسام فضائية". على أن الكويكب يفتقد في تعريفه للشرط الثالث أي أنه لم يُخلي مساره من الأجسام الفضائية مثل كويكب بلوتو وإريس وميكميك. و عند إقتراب الكوكب التاسع للشمس من المجموعة الشمسية الداخلية والأرض تزداد قوة قبضته المغناطيسية ليزداد معدل إلتفاف النواة الداخلية وتزداد زاوية الإختلاف التي تفصل النواة الداخلية ومحور دوران الأرض إنفراجاً وتكثر إضطرابات القشرة الأرضية مسببةً زلازل وبراكين.

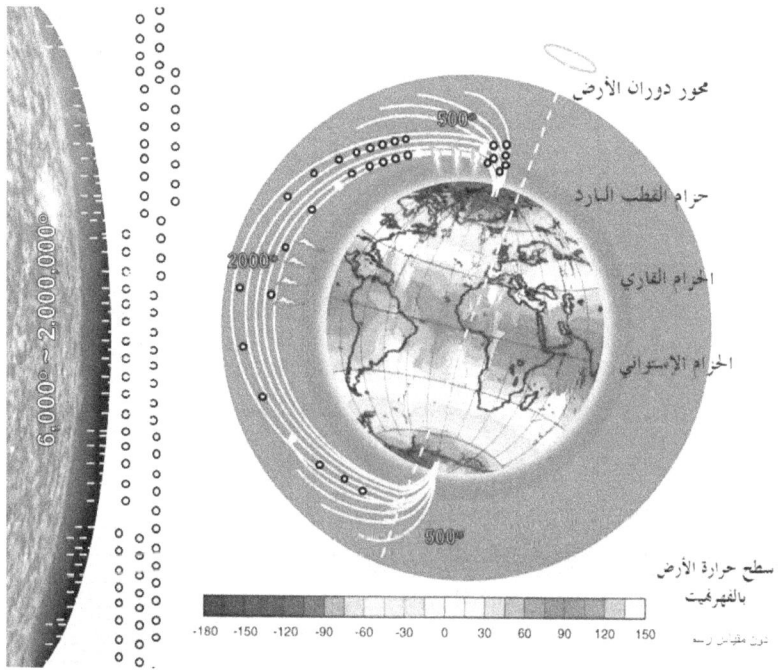

شكل 44- توزيع درجات الحرارة قبل تحرك القطبين المغناطيسيين

ماذا لو تسبب أحد تلك الزلازل العنيفة في إتساع الفاصل القاري للبحر الميت لتنشط الأرض بين البحرين وتتصل مياه البحر الأحمر والبحر الميت؟

لن نستطيع الجزم بالتغيُّرات الجغرافية ولكننا نستطيع بدقة أكبر التنبؤ بالتغيُّرات المناخية على سطح الأرض. وجرت العادة على الإستعانة بتصنيف كوِبن للمناخ لوصف الظروف المناخية على جميع بقاع الأرض ويعود ذلك التصنيف إلى عام 1900 حينما وضع العالم الروسي الألماني فلاديمير كوِبن وصفاً دقيقاً للمناخ سُميّ بإسمه. وفي هذا التصنيف قسّم كوِبن سطح الأرض إلى مناطق متجانسة في المجمع الخضاري والتربة وأُقر بخمسة مناطق مناخية تختلف الواحدة منها عن الأخرى في متوسط درجات الحرارة وحجم هطول الأمطار:

1- الحزام الإستوائي: حيث الأجواء رطبة ودرجات الحرارة عالية على مدار العام السنة مع هطول أمطار غزيرة .
2- الأجواء الجافة: حيث الأمطار شحيحة وفروق درجات الحرارة كبيرة بين الليل والنهار وتحوي في الغالب أراضي صحراوية أو سهول قفراء .
3- حزام خط العرض المتوسط: حيث الأجواء دافئة جافة صيفاً وباردة ممطرة شتاءاً وتلعب كثافة الأمطار ونوع التربة بها دوراً كبيراً.
4- الحزام القاري: حيث تُوجد درجات حرارة معتدلة بالمناطق الداخلية حيث مسطح الأرض يغلب على مسطح الماء ويعتدل هطول الأمطار وتختلف الحرارة بشدة بتغيُّر فصول السنة.
5- حزام القطب البارد: ويحوي الأجواء الباردة ويكثر فيه تراكم الثلوج ولا تعلو الحرارة عن درجة التجمد إلا أربع شهور بالسنة.

إن ميل النواة الداخلية لن يتسبب في أي ميل للقشرة الأرضية بسبب وجود النواة الخارجية السائلة كفاصل بين المانتل والقشرة من جهة والنواة الداخلية من جهة أخرى. ولكن ماذا لو مالت النواة الداخلية بمسافة ربع محيط الأرض فقط بدلا من نصف محيطها أو كما هو متعارف عليه بإنقلاب القطبين المغناطيسيين؟ ماذا سيحدث للغلاف المغناطيسي ؟ قطعاً سيداوم على حماية الغلاف الجوي من الأشعة الجسيمية الآتية من الشمس والشحنات التي تكاد تبلغ سرعة الضوء بعد ذهاب الكوكب التاسع. وفيما لا يقبل الشك ستتمكن معظم الطيور من التأقلم مع تغيُّر مواضع الأحزمة الحرارية والتي تتواكب مع حركة القطبين المغناطيسيين أينما سارا. وكما يتبين

في الشكل 45 سيُعلن مولد خريطة مناخية جديدة وتتغيّر بقاع مثل الصحراء العربية والمكسيك لتصبح ذات مناخ قريب من القاري وتنشأ الغابات الصنوبرية وتتمتع بقاع أخرى مثل الصومال بمناخ يقارب جنوب أوروبا حالياً.

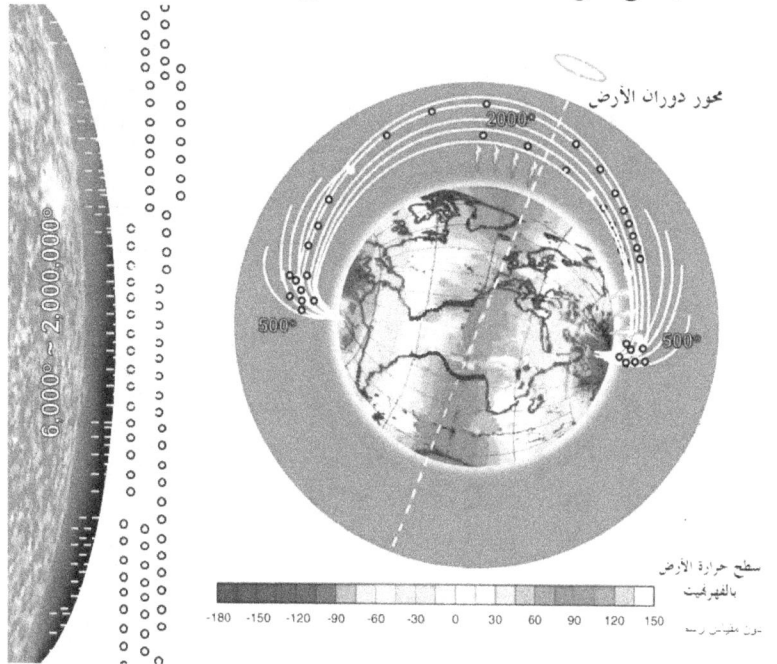

الشكل 45- توزيع درجات الحرارة المرتقب بعد تحرك وثبات القطبين المغناطيسيين

وإذا ما بطئت حركة دوران الأرض حول محورها فلسوف تنحسر مياه المحيطات المنبعج عند المدار الإستوائي بين مدار الجدي و السرطان وترتفع بالسواحل الشمالية والجنوبية. ويعتقد البعض أنه ببطء سرعة دوران الأرض حول محورها لزمن طويل فلسوف يصاب الجانب المظلم من الأرض ببرودة قارصة تقضي على جميع أنواع الحياة وهذا صحيح إذا كان مصدر دفء سطح الأرض هو الأشعة الحرارية الآتية من الشمس ولكن كما أثبت لكم في الصفحات السابقة فإن توزيع درجات الحرارة على سطح الأرض يعتمد أغلباً على توزيع درجات حرارة طبقة الثرموسفير وكما يوضح الشكل 45 فلسوف تلتف الأحزمة الحرارية طبقاً لإلتفاف خطوط المجال المغناطيسي

وخريطة حرارة الثرموسفير التابعة لتحافظ على الدفء بجانبي الأرض المظلم والمضئ وبدرجات حرارة قريبة من وقتنا هذا مما يدعم الحياة بصورة أو بأخرى.

وإذا أخذنا بسجل التاريخ في الكتب السماوية وجدنا القديس يوحنا اللاهوتي في منفاه بجزيرة باتموس باليونان وكان أن حكم عليه الأمبراطور الطاغية دوميشان في العام الرابع والستين بعد صعود المسيح إلى السماء. فقد كتب القديس يوحنا ما ترأى له في إنجيل العهد الجديد سفر الرؤيا الإصحاح 6:12-17 كما يلي:

> "12 وَنَظَرْتُ لَمَّا فَتَحَ الْخَتْمَ السَّادِسَ، وَإِذَا زَلْزَلَةٌ عَظِيمَةٌ حَدَثَتْ، وَالشَّمْسُ صَارَتْ سَوْدَاءَ كَمِسْحٍ مِنْ شَعْرٍ، وَالْقَمَرُ صَارَ كَالدَّمِ، 13 وَنُجُومُ السَّمَاءِ سَقَطَتْ إِلَى الأَرْضِ كَمَا تَطْرَحُ شَجَرَةُ التِّينِ سُقَاطَهَا إِذَا هَزَّتْهَا رِيحٌ عَظِيمَةٌ. 14 وَالسَّمَاءُ انْفَلَقَتْ كَدَرْجٍ مُلْتَفّ، وَكُلُّ جَبَل وَجَزِيرَةٍ تَزَحْزَحَا مِنْ مَوْضِعِهِمَا. 15 وَمُلُوكُ الأَرْضِ وَالْعُظَمَاءُ وَالأَغْنِيَاءُ وَالأُمَرَاءُ وَالأَقْوِيَاءُ وَكُلُّ عَبْدٍ وَكُلُّ حُرّ، أَخْفَوْا أَنْفُسَهُمْ فِي الْمَغَايِرِ وَفِي صُخُورِ الْجِبَالِ، 16 وَهُمْ يَقُولُونَ لِلْجِبَالِ وَالصُّخُورِ:«اسْقُطِي عَلَيْنَا وَأَخْفِينَا عَنْ وَجْهِ الْجَالِسِ عَلَى الْعَرْشِ وَعَنْ غَضَبِ الْخَرُوفِ، 17 لأَنَّهُ قَدْ جَاءَ يَوْمُ غَضَبِهِ الْعَظِيمُ. وَمَنْ يَسْتَطِيعُ الْوُقُوفَ؟".

ولكن كيف تختفي الشمس ويتلون القمر باللون الأحمر؟ إلا إذا كان القمر قد حجب ضوء الشمس كما هو معتاد في حال كسوف الشمس في نفس اللحظة التي أقترب فيها الكوكب التاسع ذو اللون الأحمر وأصبح على مرمى البصر فأعتقد القديس يوحنا ووصفه بأنه القمر ! إن عام 2017 يحمل في طياته كسوفاً كلياً للشمس فوق الولايات المتحدة الأمريكية في أغسطس وكذلك عام 2024 في شهر أكتوبر فهل يكون أيهما هو ذاك اليوم هو نهاية دورة وبداية دورة تغيُّر شامل لكوكب الأرض و الحياة عليه؟

وفي سفر أشعيا في العهد القديم للكتاب المقدس كتب أشعيا الذي عاش في الفترة بين 740 و 681 قبل الميلاد العديد من التنبؤات و منها ميلاد السيد المسيح قبل مولده بعدة قرون كما كتب بالإصحاح 45:5-6

"5 أَنَا الرَّبُّ وَلاَ إِلهَ سِوَايَ. سَترْتَكَ وَأَنْتَ لَمْ تَعْرِفْنِي.6 لِكَن حتماً سَيُوقِنونْ عندْ مطْلَع الشَّمْسِ وَمِنْ مَغْرِبِهَا أَنْ لاَ إِلهَ غَيْرِي. أَنَا الرَّبُّ وَلَيْسَ هناكَ آخَرُ".

هذا وقد رأينا بالفصل الثاني من هذا الكتاب إمكانية دوران كوكب الأرض في الإتجاه المعاكس حول محوره وذلك تحت تأثير الجذب المغناطيسي لنواة الكوكب التاسع بالمجموعة الشمسية إذا إقترب من كواكب المجموعة وبالتالي شروق الشمس من مغربها.

العمل

أسواق المال حول العالم بدأت في الأفول مع حلول عام 2007 . ففي خلال العامين فقدت معظم الشركات المدرجة بأسواق المال أكثر من ثُلثي قيمتها. وقد كان أن العديد من الشركات قامت بتضخيم ميزانياتها وربحيتها الأسمية بواسطة إعلاء قيمة الأصول الثابتة طبقاً لمؤشرات السوق وليس كنتيجة لعمليات بيع وشراء فعلية. وقد تعود تلك المعالجات الحسابية للميزانيه بالنفع طالما أن الأسواق في نمو مضطرد ولكن على العكس فعند إنكماش الأسواق وفقدان الأصول الثابتة لقيمتها يتم إظهار الفارق كخسارة مالية تؤثر سلباً على ثقة أصحاب الأسهم وبالتالي إنخفاض قيمة الشركات. وكما أن تثبيت السعر بصدد الشراء المستقبلي أو كما يطلق عليه التحوط Hedging قد أفاد العديد لتحقيق مكاسب فعلية نتيجة إستمرار إرتفاع المواد الأولية والمصنّعة اليوم تلو الآخر ولكن عند إنخفاض أسعار المواد بالسوق يتكشف للتاجر الخسارة الناجمة عن إلتزامه التعاقدي بالشراء بأسعار أعلى من سعر السوق وبالتالي تكبد الفارق كخسارة فعلية وحتمية .

وهنا نتذكر كيف تدنت اليابان بسعر الفائدة المصرفية لتصل للصفر بعد ثمان سنوات وغمر البنك المركزي الياباني السوق المصرفي بالسيولة خلال الإثني عشر عاماً و التي إنتهت بتدني أسهم الشركات القائمة بالبورصة لتلمس القاع خلال الخمسة عشر عاماً. وعلى العكس ففي الولايات المتحدة وبقية دول العالم تدني سعر الفائدة وزادت السيولة مثل تلك باليابان خلال ثمانية عشر شهراً فقط ناهيك عن إنهيار قيمة الأسهم في فترة أقل. وقد أثرت أزمة الإئتمان العقاري على شهية المستهلكين سلباً مما أدى لتدني معدلات النمو في معظم بلدان العالم ناهيك عن إنكماشها لدى البعض في عام 2008 مما أدى لتقليص الإنتاج وتخفيض العمالة وإنكماش الإستثمار الرأسمالي. وتحاول الحكومات تحفيز المستهلك على الإنفاق عن طريق خفض سعر الفائدة والضرائب وتيسير قيود الإئتمان. ويخبرنا التاريخ عن أن البطالة تستمر في الإزدياد كلما زاد الإنكماش الإقتصادي وتستمر لفترة لاحقة حتى بعد بدء

الإنتعاش الإقتصادي. وتعد هذه الظاهرة أساسية لإعادة هيكلة المؤسسات والوصول إلى مستويات ربحية مقبولة وإنفاق إستثماري رشيد وعلى هذا لا تعتبر البطالة العائق الأساسي للإنتعاش الإقتصادي ولكن العديد من المحللين يرى أن فقدان الوظيفة وتدهور الملائة المالية تؤدي إلى إنخفاض الإنفاق الإستهلاكي وبالتالي إزدياد الإنكماش الإقتصادي الذي يعتمد 75% منه في المعتاد على الإنفاق الإستهلاكي . وعلى الرغم من الإعانات الحكومية وتمويل شراء أنصبة رأسمالية في المؤسسات المالية المؤثرة بالأسواق وإعانتها على تخطي أزمة السيولة المالية فلا يوجد هناك أي دليل على إستمرار تحسن الأداء الإقتصادي بعد رفع الحكومات أيديها عن التمويل بسبب تزايد الدين العام لمعظم الحكومات. وعلى ذلك فلا أتوقع عودة النمو الإقتصادي و الدخول بكساد أعمق تزداد حدة مع التغيُّرات القادمة للكرة الأرضية كما أشرت في الفصول السابقة .

إدارة الثروة بأسواق متقلّبة ليس بالسهل فنحن نلحظ السعي الدؤوب لمالكي المحافظ الإستثمارية لتنويع إستثماراتهم فلا تزال إقتناص الفرص هي الصفة الغالبة لمعظم صفقات الإستحواذ والإندماج وبالذات عندما تمثل الصفقة تكامل تجاري أو خدمي وباقي إستثمارات المحفظة المالية. ولا تطغى مثل تلك الصفقات على المفهوم الأساسي الا وهو بناء محفظة مالية ديناميية متينة تسعى للإحلال والتبديل داخل الأهداف المرسومة مهما تعددت الأجيال. كما ترتكز محفظة الإستثمار على التوازن بين الأصول الثابتة والمخاطر المرتقبة لكي يستطيع المستثمر تحمل أي خسارة على المدي القريب وإستمرار الحفاظ على الإستثمار خلال المراحل المتقلبة للسوق. ويدلّل التاريخ على أن إنحدار الأسواق يؤدي إلى إيجاد وخلق فرص إستثمارية رائعة فلا يألى المستثمرون جهداً في إقتفاء الفرص الإستثمارية ذات مستوى المخاطر المحسوب بدقة . وقد كان مع منتصف عام 2008 أن بلغت قيمة الشركات 15 ضعف قيمة أرباحها وبالغت تلك النسبة في بعض الصناعات وببعض البلدان. على أنه وببلوغ منتصف 2009 تدنت النسبة لتصل إلى 6 أضعاف فقط وهنا لجأ أصحاب الشركات الى إطلاق العديد من الصكوك

والتي يستطيع حاملها إذا رغب تحويلها لحصة أسهم بالشركة إذا تعذر سداد قيمتها عند تاريخ الإستحقاق مما يمثل علاقة مثالية بين المقرض والمقترض فالأول يستفيد من عائد عالي على الصكوك والآخر يحتفظ بحقوق الملكية دون تفريط وسيولة مالية في آن واحد. و منذ حلول الأزمة الإقتصادية العالمية بمنتصف 2008 وإنهيار أسواق المال يزداد الإقبال على الاستثمار في السلع المختلفة من معادن مثل الذهب والمحاصيل زراعية والطاقة والأراضي العقارية حيث تتمتع تلك الاستثمارات بالعديد من الفوائد فهي تحمل مقدار أقل من المخاطر مع تدني معدلات التضخم وتذبذب سعر صرف العملات. وعلى الرغم من حالة الذعر وإنهيار أسعار السلع في عام 2008 فقد إستردت السلع عافيتها بحلول منتصف عام 2009 كما أتوقع إستمرار صعود أسعار السلع الزراعية في السنوات القليلة القادمة إرتفاعاً حاداً ليس فقط مع إنفراج الأزمة الاقتصادية العالمية ولكن بسبب فشل العديد من الزراعات مع إستمرار وإزدياد التغيُّرات المناخية ونقص مخزون الحبوب.

أداء سندات الخزانة (يناير 1926 – مارس 2008) مقومة سنوياً

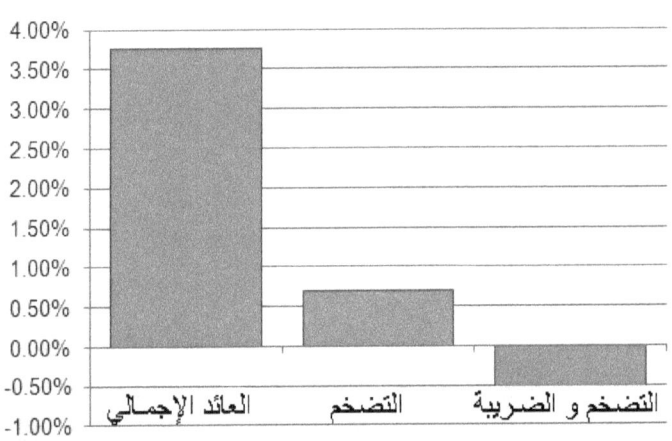

إبريل 2009 – بوسطن أسوشيت:

تم إفتراض الضريبة التراكمية كأعلى شريحة ضريبية أمريكية أي 35%

شكل 46- العائد الإجمالي مقارنةً بالضرائب وكمّ التضخم

وعلى الرغم من تدني قيّم العديد من الأصول الاستثمارية فقد أثبتت إستراتيجية كثرة تنوع وتعدد مجالات الاستثمار داخل المحفظة الاستثمارية الواحدة فاعليتها ونجاحها في الحفاظ على الثروة. فحين فقدت العديد من الأسهم الجزء الكبير من قيمتها كان إداء صناديق التحوط وكذا السلع الأساسية أقل خسارة. وهكذا يزداد الإقبال على الاستثمار المتوازن بعيد المدى في الأسهم والسندات ذات العائد وصناديق السلع والمعادن الثمينة. وعلى الرغم من إزدياد العديد من الفرص الاستثمارية نتيجة تدني الأسعار فلا زالت ذاكرة العديد من المستثمرين تحمل ذكرى إنهيار الأسهم بما يزيد عن 60% مع إنقضاء عام 2008 وبالتالي فقدان الشهية والإقدام على الاستثمار مثل ذي قبل. ويبدو أن الهدوء والتركيز وتوسم تغيُّرات الأرض هم المنفذ الوحيد لإتخاذ قرار الاستثمار الجيد في ظل الإحباط الذي تبثه عناوين الإقتصاد الرئيسية بوسائل الإعلام المختلفة. ولا عجب أن العديد قد فضل الحفاظ على السيولة المالية وعدم الدخول في إستثمارات جديدة على الرغم من الأثار السلبية لمثل هذه التوجه على المدى البعيد لصاحب الثروة فكما نعلم وفي ظل تضخم سنوي تقل قيمة المال السائل العام تلو الآخر. ويدلنا الرسم البياني بالشكل 46 على تآكل المال السائل كنتيجة حتمية للتضخم والضرائب.

الزراعة والتجارة والصناعة والخدمات المالية تُعد من الأوليات الأساسية لأي إقتصاد . وقد كان وما زال لنمو الكمّ المعرفي أكبر الأثر على نضج تلك الصناعات فحين أخذت الزراعة آلاف السنين لتنضج والتجارة مئات السنين لتزدهر والصناعة والعلوم عشرات السنين للتألق ، نجد أن النورة المالية قد تخطت الحدود إيجاباً وسلباً في أقل من عشر سنوات. وكما أن النمط الدوري يحكم موجودات الكون صعوداً ونزولاً فهل لنا أن نتخيل تحولاً جديداً للحضارة البشرية بدءاً من الثروة الزراعية مجدداً ؟ فقد بدء التغيُّر المناخي بطيئاً ولكننا نلحظ إرتفاع وتيرة التغيُّر السنة تلو الأخرى حتى أن عدداً من الدول تطاول الأربعين دولة قد بدأ في بناء مخزون إستراتيجي من جميع الغلال المعروفة تحسباً لأيام عسيرة قد تقضي على سلالات بعينها من الحبوب

المعروفة لدينا اليوم. وقد يظن البعض أن مخزون الغلال العالمي يستطيع تغطية إحتياجات الغذاء لسنة أو سنتين في حال تغيُّر مفاجئ للمناخ ولكن هناك مخاطر تحيط بفقدان المخزون جراء الفياضانات والعواصف والزلازل والحرائق. كما توجد مخاطر إنهيار شبكة المواصلات الداعمة لنقل الغلال إلى أسواق الغذاء .

و لكن مع تذليل العقبات السابق ذكرها ماذا سيحدث للإنتاج الزراعي مستقبلاً حين تتغيّر الخريطة المناخية والأمطار بعد إنتقال قطبي الجليد ؟ وهل ستتصحر الغابات والأراضي التي كانت تحظى بالنماء حتى عام 2009 في حين تتحول الصحراء الجرداء إلى جنة خضراء ومياه وفيرة للزراعة والإخصاب ؟ وقد يتخيل البعض أنه بالإمكان إنتقال العمالة الزراعية الماهرة ووسائل ومعدات الإنتاج الزراعي إلى الأراضي الخصبة الجديدة حيث المياه الوفيرة في خلال أسابيع أو شهور ولكن ما يخفى عن القارئ أن قاطني الأراضي الصحرواية هم في العادة قومٌ دائمي الترحال إلى حيث المياه ويدينون بالولاء لقائد العشيرة وينتقلون خلفه حينما يذهب على العكس من قاطني الأراضي الزراعية والغابات فولائهم للأرض التي يقيمون عليها يأتي في المقدمة وبالتالي الصعوبة النفسية والمعنوية للترحال وترك الديار. ويتمثل أعتى التحديات لإنتقال زراعي سلس في إخضاع قوانين الهجرة والجوازات، التي تم تطويرها على مدى عشرات السنين، للتغيُّر المفاجئ فلا يُستبعد قيام العديد من النزاعات والتي قد تتطور إلى حروب للسيطرة على منابع المياه الجديدة إذا لم تقم حكومات دول الأرض قاطبةً بالتوصل إلى إتفاقات تُراعى فيها مصالح جميع الأطراف كما في مثال الشراكة بين الحكومة والأفراد أو كما يطلق عليه Public Private Partnership (PPP) حيث تشارك الحكومة، في المناطق الصحراوية التي تحولت إلى مناطق تحظى بالمياه الوفيرة، بحصة عينية في رأسمال الشراكة ألا وهي الأرض والمياه ويشارك الأفراد من ذوي الخبرة الاستثمارية أو الزراعية والذين تصحرت أراضيهم نتيجة للتغيُّر المناخي بالعمالة الماهرة والمعدات والتقنية ووسائل التخزين والنقل والبذور المنتقاة وأساليب الزراعة الناجحة.

البنية الأساسية هي مزيج من الإدارة المؤسسية والموجودات اللازمة لخدمة أي مجتمع مثل شبكات الكهرباء والمياه والمجاري والإتصالات والمرافق المصاحبة لدعم الإقتصاد مثل الطرق والأنفاق والجسور وشبكات السكك الحديدية والموانئ والمطارات. وتعد الحوكمة أو المنهاج Governance نوع آخر من البنية الأساسية وتشمل القوانين والسياسات ومسؤوليات وخطوات العمل والجهاز الإداري القائم على العمل ولا يستقيم الحال بنوع واحد للبنية الأساسية فلا بد لنهضة أي مجتمع أو كيان مؤسسي من تلاحم النوعين سوياً كما لا يستقيم الحال بدون صيانة وتطوير دائم في ظل تنافسية مستمرة لجذب الإستثمارات وإعلاء الناتج السنوي. وتتكامل تلك المرافق في طبقات تتيح لمؤدي الخدمة ومُتلقيها السهولة والسرعة في التعامل. وقد جرت العادة على أن تتوافر مرافق بديلة لتوفير الخدمة بذات الكفاءة أو أقل في حال تعطُل المرافق الأساسية . ويتم توفير تلك المرافق البديلة إما ببنائها أو عن طريق التعاقد المتبادل مع أطراف أخرى لإستخدام مرافقهم بأسلوب مؤقت وحتى إسترداد المرافق الأساسية لعافيتها والمعاملة بالمثل في حال أي طارئ يطرأ على مرافق الآخرين . ولا تمثل عقود الطوارئ تلك قيمة تُذكر إلا إذا تم تفعيلها بالتجربة والإختبار. وعلى هذا وتحسباً للظروف القاسية القادمة من إزدياد إضطراب القشرة الأرضية وتغيّر الخريطة المناخية من حرارة وأمطار، أري إزدياد الإحتياج لوضع إستراتيجيات فعالة وتنفيذها لدعم البنية الأساسية وإيجاد بنية بديلة للطوارئ كما أرى ضرورة لإعادة النظر في بعض المشروعات والتي تقبع على حدود الصفائح التكتونية للقشرة الخارجية للأرض مثل فالق وادي الأخدود العظيم والذي يمتد من لبنان شمالاً وحتى موزمبيق جنوباً

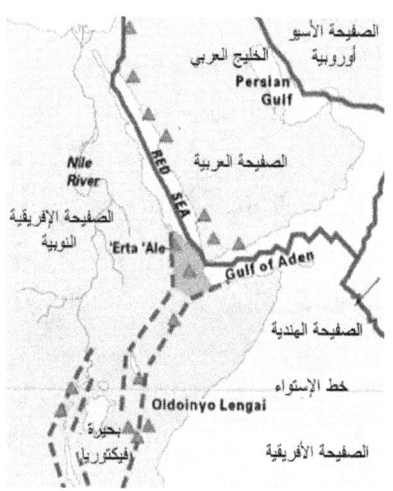

شكل 47- خريطة شرق أفريقيا وتوضح فالق وادي الأخدود العظيم

ويمثل أحد إثنين من فالقيّ الزلازل القابعين بشرق أفريقيا. ويقع الفالق الزلزالي للبحر الميت في أقصى فالق وادي الأخدود العظيم ذاك ويتحكّم بتغيُّرات التضاريس وطبقات الأرض منذ العصر الميسوني. وقد زُلزلت الأرض بهذه المنطقة بزلزال عظيم منذ حوالي المليون عاماً مضت وإنخفض مستوى البحر الميت حينها وحُرم من مصبه الطبيعي بالبحر الأحمر. ويبلغ سطح مياه البحر الميت حالياً إرتفاع 400 متر (1,312 قدم) أقل من مستوى البحر. وتنساب مياه نهر الأردن العذبة حتى مثواها الأخير بالبحيرة أو كما يُطلق عليها البحر الميت. ولا تصب المياه في أي إتجاه آخر مما يتسبب في تراكم طبقات الملح بعد تبخر المياه بفعل حرارة الشمس وهكذا تبلغ نسبة ملوحة المياه 33% على خلاف نسبة ملوحة مياه البحر الأبيض المتوسط والتي تبلغ 3% فقط. وفي الثلاثينيات من القرن الماضي كان معدل تبخر مياه البحيرة يتكافئ مع كمية المياه المتدفقة إليها من نهر الأردن بما يساوي 1.3 بليون متر مكعب (317 بليون جالون). ولكن اليوم يقل معدل المياه المتدفقة للبحر الميت ليبلغ الثُلث بسبب مشروعات إستصلاح أراضي على جانبي نهر الأردن مما تسبب في إنخفاض مستوى المياه بالبحر الميت في ظل معدل تبخر عالي. وإذا ما ظلت مياه البحر الميت في النقصان فإن التوازن البيئي والصناعي والحياة البرية ستصاب بأضرار جمّة. وقد طُرحت أفكار عدة لشق قناة توصل مياه البحر الأبيض المتوسط أو الأحمر بمياه البحر الميت لإعادة التوازن البيئي وزيادة المياه المتدفقة للبحيرة لتبلغ مستوياتها السابقة. ولسوف تُتيح تلك القناة العديد من الفرص مثل توليد الطاقة الكهربية لأغراض الإستهلاك العمراني والصناعي والزراعي عن طريق إستغلال فارق مستوييّ المياه بالبحر والبحيرة. ولكني أقترح التريث في مثل تلك المشروعات في ظل إضطرابات مستمرة بالقشرة الأرضية فماذا لو في خلال عدة سنوات تنامت تلك الإضطرابات؟ لتبلغ من القوة المقدرة على توسيع الفالق الأرضي وتوصيل مياه البحر الميت بالبحر الأحمر؟ وكما أن التخطيط المعماري يغطي البنية الأساسية ويسعى لترشيد الإنفاق وتجنب الخسائر فإنه يتحتم دراسة آثار ذوبان الجليد المفاجئ وإرتفاع مياه البحار والمحيطات بالإضافة إلى موجات مد عارمة على التخطيط العمراني الساحلي. وأقترح تعديل المعايير القياسية لبناء المدن والتجمعات

الساحلية بحيث ألا تقترب أكثر من 15 إلى 20 كيلومتر (9 إلى 12 ميل) من شاطئ البحر أو ألا يقل إرتفاعها عن 100 إلى 200 متر (330 إلى 660 قدم) من سطح البحر.

الطاقة تأتي لنا من مصادر عدة مثل الوقود الأحفوري وإنحدار المياه والإنشطار النووي وطاقة الرياح والطاقة الشمسية. وقد لا يغير زلزال من موقع منجم لإستخراج الفحم ولكن قد يتسبب زلزال أو سلسلة زلازل عنيفة في تسرب نفطي يصيب بئر بترول وشبكة الإنتاج المتصله به. وكما أسهبنا من قبل سوف تتسبب التغيُّرات التي تصيب باطن الكوكب في إختلال المناخ وتغيُّر الخريطة الحرارية وخريطة مياه الأمطار وبالتالي أُفول مولدات الكهرباء المبنية على مسارات الأنهار التي جفت منابعها. إن التخطيط الدقيق لنقل وإعادة بناء تلك المولدات على المسارات الجديدة للأنهار أمر حتميّ ولكن الصعوبة تكمن في الزمن والجهد اللازمين لإكمال ذلك التحول. بل وأيضاً بناء شبكات توزيع الكهرباء ذات الجهد العالي لنقل هذه الطاقة من مصادر إنتاجها وحتى أسواق إستخدامها. ولكن ماذا عن مصادر الطاقة المتجددة؟ مثل طاقة الرياح والطاقة الإشعاعية والطاقة الضوئية. قد يستطيع البعض منها الإستمرار في توليد الكهرباء والطاقة ولكن قد يكون الأفضل للبعض منها فكها ونقلها وإعادة تركيبها وفقاً للخريطة المناخية الجديدة. ونظراً لبطء المردود الاستثماري لتلك التقنيات الحديثة فقد تتعثر استثمارات إعادة فك وتوزيع تلك الوحدات ولا تحصل على الأولوية المناسبة ويبدو أن الطاقة النووية هي الوحيدة التي لن تتأثر بالتغيُّرات المناخية علماً بأن معظم إنشاءات محطات الطاقة النووية قد رُوعي في تصميمها وإنشائها أساليب مجابهة إضطرابات القشرة الأرضية والزلازل. ويتبقى إعادة التأكد من إجراءات الإغلاق في حال حدوث إضطرابات وزلازل متكررة وطويلة الأمد.

و عند النظر في السماء نتخيل أن الشمس تأخذ شكل قرص دائري منتظم وثابت ولكن العلماء والمهندسين لهم رأي آخر فالشمس هي جسم دائم التغيُّر وتحكمه الكثير من العشوائية ولا يفهم العلماء عن أتونه المستعر الشئ الكثير فهي تلفظ إنفجارات شمسية في أي وقت ودون سابق إنذار. وحين

يتجه الإنفجار الشمسي نحو الأرض يتسبب في فوضى ومشاكل جمة بشبكات القوى الكهربية والإتصالات والأقمار الصناعية. وفي خلال خمسين عاماً من غزو الفضاء تجنبت الأرض الكثير من الإنفجارات الشمسية التي سلكت مسارا آخر غير إتجاه الأرض ولكن الشمس تمر كل فترة زمنية بمرحلة هيجان وتزيد الإنفجارات الشمسية[35] قوةً وعدداً ومع ضعف الغلاف المغناطيسي للأرض يزداد توليد الطاقة الإشعاعية بطبقة الثرموسفير وبالتالي إرتفاع درجات الحرارة على سطح الأرض وتعرُض شبكات القوى الكهربية والإتصالات والأقمار الصناعية للخطر. ويعلق هايمن وانج مدير معمل أبحاث مناخ الفضاء بمعهد نيو جيرسي للتقنية بنيوأرك قائلاً "تتسبب الكيمياء المعقدة لنجم الشمس في إنتاج الإنفجارات واللفحات الشمسية". وتتسبب الدوامات المغناطيسية على سطح النجم في خفض درجات الحرارة بمناطق تواجد تلك الدومات فيما يطلق عليه البقع الشمسية. ويعتقد العلماء أنه كل إحدى عشر عاماً ينقلب قطبي مغناطيس الشمس ويزداد عدد البقع الشمسية ويُتوقع أن يبلغ النشاط الشمسي الذروة في عام 2012 حين يحتبس مجال الشمس المغناطيسي الطاقة داخله قبل إطلاق صراحها دفعةً واحدةً في صورة إنفجار شمسي تقطع طاقته الضوئية المسافة للأرض وتبلغ 150 مليون كيلومتر (93 مليون ميل) في ثمان دقائق تصل بعدها طاقته الجسيمية في لحظات قليلة لاحقة أو بمعنى آخر أننا لن نستطيع إكتشاف إنفجار شمسي إلا بعد حدوثه بدقائق والذي كما أشرنا من قبل يتم صده بواسطة المجال المغناطيسي للأرض ولكن مع إزدياد ضعفه فلسوف تزداد المخاطر على صحة الإنسان. كما يظل الخطر قائما على الطائرات التي تحلق على إرتفاعات شاهقة أو السفن الفضائية التي تحوم في مدارات حول الأرض. وعلى الرغم من معارضتي للنظرية القائلة بأن النواة الخارجية هي مصدر القوى المغناطيسية المحيطة بالأرض والذي قامت عليه قصة فيلم الخيال العلمي 'النواة' أو '*The Core*' وفيه تم تصوير مشاهد فشل المعدات الكهروميكانيكية في العمل وسقوط الطائرات لتعطل موتوراتها ، فإني إذا

[35] https://www.csmonitor.com/Technology/Tech/2009/0505/solar-storms-ahead-is-earth-prepared

أمعنت النظر قليلاً أجد سيناريوهاً مشابهاً إذا ما زادت الإنفجارات الشمسية حتى إنبثقت في هيئة "بصقة الكورونا" أو coronal mass ejection (CME)— وضَعُف مجال القوى المغناطيسية بدرجة أن تنفذ الطاقة الجسيمية الآتية من الشمس كالإلكترونات وتغمر بدايةً دوائر الأقمار الصناعية في المنطقة القريبة من الفضاء. وقد تكون من الشدة بحيث تتسبب الموجات الكهرومغناطيسية الآتية من الشمس في بث كميات أكبر من البروتونات وظهور هالات الأورورا في القطب الشمالي والجنوبي وقد تتسب أيضا في فشل المحولات الكهربية وإنقطاع التيار الكهربي كما حدث من قبل في عام 1921 وقبل أن تُصبح الكهرباء حجر زاوية في معظم متطلبات الحياة الحديثة. وقد تم تقدير الأثار السلبية إذا ما أُصيبت الأرض بمثل هذه البصقة من الموجات الكهرومغناطيسية في زمننا الحالي وقُدر أن 130 مليون شخصاً سوف يُعانون من إنقطاع التيار الكهربائي (National-Acadmy-of-Sciences, 2009) ففي عام 1989 عانى 6 مليون شخص في كوبيك بكندا من إنقطاع للتيار الكهربائي إثر عاصفة شمسية كهرومغناطيسية. ومن الجدير بالذكر أن بصقة الكورونا تتسبب في تمدد الغلاف الجوي مؤقتاً مما يتسبب في إنزلاق الأقمار الصناعية، مثل قمر النظام العالمي لتحديد الموقع والتي تقبع في مدار وطيء إلى داخل طبقة من الغلاف الجوي أكثر كثافة. وحينها وبالإضافة إلى التشويش على موجات الراديو والناقلة للبيانات بين القمر ووحدات الإتصال الأرضية يُصاب القمر الصناعي بعدم الدقة على القيام بوظيفته في تحديد المواقع الأرضية. وقد يتسبب سيل الإلكترونات المصاحب لبصقة الكورونا في خلل دوائر القمر الصناعي الإلكترونية كما سبق وأسهبنا من قبل. ولكن رون محمود والذي يدير مركز عمليات الأقمار الصناعية بالوكالة الأمريكية للكشف البحري والفضائي (NOAA) له رأيٌ آخر فيقول أنه في عام 1994 لم يتأثر إلا قمراً واحداً بمثل تلك البصقات الكورونية فلم يتعطل قمر مراقبة الأحوال الجوية قاطبة ولكن قَصُر عمره وفي أي الأحوال يتم زرع أقمار صناعية أخرى في نفس المدار حول الأرض للعمل كبديل في حال تعطُل القمر الأساسي بالإضافة لأقمار أخرى على الأرض تقف على أَهُبة الإستعداد للإنطلاق إذا دعت الحاجة. وتعلق د.جوهاطاكورتا من وكالة

الفضاء الأمريكية ناسا (NASA) قائلةً "كانت أجهزة الأقمار الصناعية تخضع في الماضي للتدقيق المضني أثناء بنائها ولكن الحين وعلى الرغم من التطور المستمر للأجهزة الإلكترونية وفي خضم تزايد الطلب عليها إنخفض مستوى التمحيص والإختبار على عمل الأجهزة والمعدات بكفائة شمولية وتكاملية". وأضافت أننا لا نعلم كيف تكون أشد بصقات الكورونا شكلاً وأنه حتى لو إستمرت البصقات الكورونية في الزيادة حتى العام 2012 فلا توجد علاقة بين زيادة عددها وإزدياد شدتها. وأميل للإعتقاد بأن إقتراب جرم فضائي ذو مدار قطاع ناقص (بيضاوي) من المجموعة الشمسية وإزدياد سرعته كلما إقترب من الشمس سيكون له أكبر الأثر، بما له من جاذبية مغناطيسية، في إزدياد عدد وشدة الإنفجارات الشمسية وإزدياد تغلغل طاقة البصقات الكورونية للغلاف الجوي نظراً لتزايد ضعف قوى المجال المغناطيسي المغلف للأرض. وكما سبق وإستخلصنا يتمثل مجال القوى مغناطيسية في فوتونات تتبع مسار حلزوني وبالتالي قوة جذب أو تنافر وهناك عدة سبل للحصول على تلك القوى فتُوجد معادن لها خصائص مغناطيسية مثل الحديد والكوبالت والجادولينيوم وسبائكها وعند شحنها يطلق عليها لفظ "مغناطيس" وبصفة عامة تتأثر معظم المواد بدرجات متفاوتة في حال تواجدها داخل مجال قوى مغناطيسية محيط. وعلى العكس تُوجد مواد بدون أي خصائص مغناطيسية تُذكر مثل النحاس والألومنيوم والمياه والغازات ويُطلق عليها لفظ "لامغناطيس". ومعظم المحركات ومولدات الطاقة تتمتع بمكونات مغناطيسية وتتولد الحركة الميكانيكية في المحركات وتتناسب قوتها من تناغم التيار الكهربي مع قوى المجال المغناطيسي العمودي كما أسهبنا من قبل. كما تتولد الطاقة الكهربية في المولدات من تناغم الحركة الميكانيكية مع قوى المجال المغناطيسي العمودي الناشئ عن المغناطيسات الدائمة ferromagnets أو المؤقتة electromagnets والتي تمثل جزء لا يتجزأ من تصميم المحركات والمولدات. وتنشأ القوى المغناطيسية الدائمة نتيجة عدم تماثل ذبذبة الإلكترونات داخل المعادن. ويوضح الشكل 48 أن هناك دوماً أزواج من الإلكترونات الحرة تسبح داخل المواد فتزيد في البعض منها ويطلق عليه لفظ "مغناطيس" وتقل في البعض الآخر ويطلق عليه لفظ

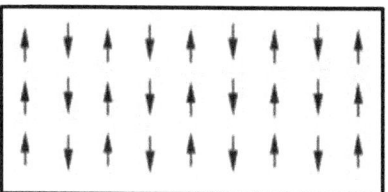

الشكل 48- أزواج الإلكترونات الحرة

"لامغناطيس". ويتكون كل زوج من إلكترونين يتذبذبان في عكس إتجاه بعضهما البعض. ويبدو أن التماثل بين ذبذبة الإلكترونات السابحة في كل من الإتجاهين غير متكافئة نتيجة الترتيب الفيزيائي للمادة فتزيد ذبذبة الإلكترونات في إتجاه دون الآخر و بالتالي تنشأ قوى مغناطيسية في الإتجاه الغالب. وتصمد كل مادة مغناطيسية، تحت الضغط المعتاد عند سطح البحر، حتى درجة حرارة يُطلق عليها درجة حرارة كوري وعند تخطي حرارة المغناطيس لهذه الدرجة تفقد المادة خصائصها المغناطيسيه. ولحُسن الحظ تبلغ تلك الحرارة لمعظم المواد المغناطيسية أربعين ضعف درجة حرارة الغرفة المعتاد عند ضغط 1 بار وإلا سنفاجئ بأعطال متكررة في المحركات والمولدات. ونظراً لزيادة تفلطح مجال القوى المغناطيسية بالإضافة لنقصان خطوط القوى المغناطيسية لإنجذاب البعض منها نحو الكوكب التاسع القادم من أعماق الفضاء فنتوقع أن يصل سطح الأرض كمٌّ أكبر من شحنات الطاقة الجسيمية كالبروتونات والبوزيترونات في حالة بلازما (أي ذرات بدون إلكترونات) والتي من شأنها أن تغمر المعادن المغناطيسية لتتصيد الإلكترونات الحرة مما يتسبب بإفساد الترتيب القائم في أزواج الإلكترونات الحرة والتقليل من التوازن الغير تام في ذبذباتها وبالتالي إضعاف القوى المغناطيسية الناشئة وفشل المعدن في القيام بوظيفته كمغناطيس ومكون رئيسي لأي محرك أو مولد وبالتالي تعطُل تلك المعدات عن العمل. ناهيك عن الدوائر الكهربية و التي ستحترق نتيجة غمرها بشحنات سالبة أو موجبة تصلنا بدون إعتراض من الشمس. وأقترح عمل غطاء أو قميص لامغناطيسي لحماية الدوائر الكهربية ومغناطيسات المحركات والمولدات. ذلك القميص من شأنه أن يعمل كغطاء يمتص ويستوعب ويدعم مثل هذا السيل من البروتونات أو البوزيترونات أو الإلكترونات وتسريبه للأرض بدون أن يؤثر على الدوائر الكهربية ومغناطيسات المحركات والمولدات القابعة داخله. وعلى التوازي لجمع العلماء المزيد من المعلومات عن البصقات الكورونية يقوم

مصنعي الأقمار الصناعية بتجارب عدة لحماية أجهزة ودوائر الأقمار الإلكترونية ومن أبسط سبل الحماية إغلاق الأجهزة الإلكترونية وقطع الخدمة مؤقتاً حتى زوال الخطر ولكن تظل تقنية الإكتشاف المبكر لمثل هذه البصقات وبالتالي إغلاق الأجهزة في مهدها.

الحياة على الأرض لدى معظم المخلوقات تتأثر بتغيُّر الغذاء الأساسي ودرجات الحرارة وطقوس التكاثر مثل تتبع الطيور لمسارات هجرة ثابتة في أزمنة محددة من كل عام. وتعتمد حياة الكائنات على الأرض على "هرم التسلسل الغذائي" وفيها تُرتب الكائنات طبقاً لقوتها فالأعلى تصنيفاً منها يعتمد على الأدنى منها كغذاء مباشر ويندثر إذا ما إندثر الكائن الأدني ولم يكن له بديل. وقد يتسبب تغيُّر المناخ في إندثار ربع حياة البرية من حيوانات ونباتات طبقاً لدراسة جديدة قام بها توماس وحنا ,Thomas & Hannah) (2004 وفيها إدعيا أن إرتفاع درجة حرارة الأرض ينشأ بسبب الإنبعاثات الزائدة للغازات الدفيئة . وقد سبق أن شرحت أن هذه الإدعاءات غير سليمة وأنه سيأتي زمن يكون تغيُّر البيئة الحياتية فيه فجائي قد تعجز معه العديد من الكائنات على التكيُّف فتندثر. ولقد قام حشدٌ من العلماء بدراسة ستة مناطق مختلفة بيئياً حول الأرض وتمثل في مجموعها 20 % من إجمالي مساحة اليابسة. وتوقع العلماء إعادة إنتشار 1103 نوع من النباتات والثدييات والطيور والزواحف والفراشات والرخويات الأخرى. ولقد إستعان العلماء ببرمجيات المحاكاة لتوسم خريطة الإنتشار الجديدة للكائنات في ظل إرتفاع درجات الحرارة وتغيُّر المناخ. ولقد خلُصت البيانات التي وفرها المجلس الحكومي لتغيُّر المناخ بالولايات المتحدة إلى ثلاث سيناريوهات: تغيُّر مناخي ضعيف ومتوسط وحاد في بقاع مختلفة من الأرض وعلى هذا نجاح بعض الحيوانات والنباتات في الإنتشار إلى مناطق جديدة في نفس آوان فشل البعض الآخر. ولقد وجدت الدراسة أن من 15 إلى 37 بالمائة من الأنواع سوف يندثر كنتيجة حتمية للتغيُّر المناخي حتى عام 2050. ولكني أقترح إعادة بناء نموذج المحاكاة على أساس التغيُّر المفاجئ وليس التغيُّر التدريجي للمناخ. كما علق كريس توماس خبير البيولوجيا بجامعة ليدز بإنجلترا قائلاً

"إذا ما طورنا نموذج المحاكاة لتغطية اليابسة كلها وجدنا إحتمال إندثار أكثر من مليون نوع من الكائنات نتيجة لتغيُّر المناخ". ويبدو أن قصة " فُلك نوح" تضع بين أيدينا الحل! فقد نُشر أخيراً أن أربعين دولة من دول العالم الغربي قد قامت ببناء مخزون إستراتيجي يضم بين جدرانه عينات من جميع الحبوب الغذائية المتوفرة حالياً. وأتساءل إن كان مجهوداً مماثلاً يستطيع الحفاظ على معظم النباتات والحيوانات والطيور؟ ولا نستهين بالظروف التي تحيط بالإسماك والثدييات في البحار والمحيطات فلسوف تتعرض الحياة المائية لأخطار براكين المحيطات وخروج الحمم بما تحمله من معادن وسوائل وغازات سامة. كما أن المهاجر منها سوف يفقد مساره نتيجة تغيُّر شدة مجال القوى المغناطيسية وإتجاهه وقد تنفق الحيتان في الخيران أو المياه الضحلة أو لا تستطيع العثور على المسار السليم لمواطن التكاثر. ولقد قامت لاريسا دي سانتوس بجامعة فلوريدا (DeSantis, 2009) بعمل دراسة أوضحت فيها أن الثدييات تُغيّر من غذائها طبقاً لمتغيّرات البيئة على الرغم من الإعتقاد السائد بأنها تتمسك بنظام غذائي دون أي تغيير حتى مع تغيُّر المناخ والبيئة. كما وجدت دي سانتوس أثناء عملها كخبيرة حفريات الفقاريات بمتحف فلوريدا للتاريخ الطبيعي حفريات أسنان الماموث بموقعين بفلوريدا يمثلان حقبتان مختلفتان من المناخ على وجه الكرة الأرضية فالأولى تتمتع فيه الأرض بعصر جليدي أي بمناخ بارد وثلجي وتقع قبل 1.9 مليون عاماً مضت والأخرى في فترة أكثر دفئاً بين عصرين جليديين وتقع قبل 1.3 مليون عاماً مضت. وقد أثبت فحص الأسنان أنه أثناء الفترة الأحدث تغيّر النظام الغذائي لمجموعات الحيوانات عن ذي قبل. ويشير روبرت فرانيك أمين متحف الفقاريات بنيويورك والمشارك بالبحث إلى أنه من الصعب التنبؤ أيٍ من الحيوانات سيُكتب له البقاء وقال "تؤكد الدراسة مدى تأثير التغيُّر المناخي على البيئة ولكن من الصعب التكهن بمدى إستجابة الكائنات". وأضافت دي سانتوس أن موقعي التنقيب بساحل فلوريدا قد تمت معاينتهما بدقة وأنه أثناء فترات العصور الجليدية كان مستوى سطح البحر أكثر إنخفاضاً مما أدى بلوغ اليابسة بفلوريدا ضعف مساحتها عن الفترات الزمنية التي ذاب فيها الجليد. ولكن لعدم تراكم طبقات الجليد بفلوريدا نظراً لموقعها على الخارطة

الحرارية للأرض فإن موقعي التنقيب ينُمّان عن تباين جذري في تغيُّر النظام البيئي. ولقد درس العلماء طبقة المينا في الأسنان بواسطة إستخدام النظائر المشعة للكربون والأكسيجين لنفس فصائل الحيوانات المتوسطة والكبيرة الحجم كالبرنجهورن والغزلان واللاما والتابير والخيل والماموث في الزمنين المختلفين وإستفادوا من إختلاف نسب الكربون المشع للتمثيل الضوئي لبقايا النباتات على طبقة المينا في تحديد نوع الغذاء. فعلى سبيل المثال تقوم الأشجار والنباتات ذات الجذوع بتمثيل ثاني أكسيد الكربون بطريقة مختلفة عن تمثيل الأعشاب القصيرة له وبالتالي إختلاف نسب الكربون المشع بينهما. وهكذا يتمكن العلماء من تحديد نوع الغذاء في كل فترة زمنية فنسبة الكربون المشع العالية تعنى وجبة غذائية من الحشائش القصيرة ونسبة الكربون المشع الوطيئة تعني وجبة غذائية من الأشجار والنباتات ذات الجذوع. ففي فترة العصر الجليدي تغذت تلك الحيوانات على الأشجار والنباتات ذات الجذوع وفي الفترة الدفيئة تغذت البعض من نفس فصائل الحيوانات على الأشجار والنباتات ذات الجذوع جنباً إلى جنب والحشائش والنباتات القصيرة. ويدلّل إزدياد الإعتماد الغذائي للحيوانات ذات التباين الغذائي مثل الماموث على الحشائش على إزدياد المسحات الخضراء لهذا العشب بفلوريدا ما بين العصور الجليدية. ولقد إستعمل العلماء إسبكتوميتر لتفحص نسب التوليفة الغذائية في الأزمنة المختلفة لنفس الفصائل ليستخلصوا منها أن فرضية إستمرار الحيوان على نفس النظام الغذائي في حال حدوث تغيُّر مناخي لهي فرضية خطيرة وتتطلب التريث.

النظام المدني كان قد تم تطويره من خلال محاولات وممارسات بعضها باء بالفشل ومعظمها بالنجاح في عشرات بل مئات السنين في العديد من بلدان العالم. إن فن صياغة القوانين والسياسات وإجراءات المتابعة والرقابة كان لها عظيم الأثر في إثراء الخدمات الحكومية والعامة والخاصة على حد السواء. وكان ختامها مسكٌ حين سُخّرت إمكانات الحاسبات الإلكترونية وتكنولوجيا المعلومات لتوفير البيانات والمعلومات والخدمات الفورية في إطار من الشفافية لكافة المجتمعات والشركات والأفراد. ويبدو أن الإنترنت بما

عليها من مراكز معلومات قد أتاحت بناء وحفظ بل ونمو ذاكرة شاملة لمعظم الأعمال الإنسانية ووفرت سبل الإتصال الفوري والمباشر بين الهيئات والأفراد في سهولة ويسر وزمن قياسي. وإذا إستعرضنا مثالاً لشرطيّ يود الإستفسار عن نص معين بدليل الإجراءات الضبطية نجده يستخدم لوحة مفاتيح الكمبيوتر المكتبي أو الجوال المتصل بشبكة المعلومات لكتابة محددات البحث أو بضعة كلمات من الحالة التي يرغب في الإستعلام عنها ليجد الرد في التو واللحظة على الشاشة المرئية. وقد يتتقل إلى واجهة أخرى للإستعلام داخل قوائم المشبوهين عن طريق كتابة بعض الملامح التي يتمتع بها المشتبه فيه لتسهيل عملية بحث الكمبيوتر في القوائم بنفس السهولة والسرعة وفي ثوان أو دقائق معدودة. ولكن ماذا لو كان على الشرطيّ أن يراجع تلك القوائم يدوياً بالرجوع إلى كمّ ليس بقليل من السجلات المطبوعة كما كان بالسابق منذ نصف قرن مضي؟ وهل تم تدريب ضباط الشرطة الحاليين على الأداء بسرعة وكفاءة من خلال تلك الإجراءات اليدوية وبدون مساعدة أيٍ من شبكات المعلومات ووحدات الإتصال؟ في الغالب لا. ويجب على المجتمعات المدنية أن تتحلى بالصبر في ظروف تعجز فيها المعدات الإلكترونية على الأداء حتي يتم إعادة تشغيل تلك الأجهزة والشبكات بعد زوال ذروة الأحداث. ويبدو أنه من الحصافة تفعيل إجراءات حفظ نسخ إضافية من البيانات والبرمجيات على وسائط متعددة منها المطبوع بل وتأهيل العاملين في شتى المجالات على كيفية تصفح البيانات والمعلومات المطبوعة وكيفية الإتصال عن بعد بإستخدام وسائل بالية مضى عليها قرن أو أكثر.

وجرت العادة أن يتألف فريق الأمن القومي لأي دولة من وزارة الدفاع والمخابرات والدول الحليفة. كما يتألف الأمن الصناعي ويعتمد على البنية التحتية والخدمات الحكومية والعامة والخاصة. ويتألف الأمن المدني من جهاز الشرطة للحفاظ على تطبيق القانون. وهكذا نجد أن التواصل بين هذه الكيانات الثلاث يجب أن يكون دائماً وفورياً وعلى أهُبة الإستعداد لحماية الدولة والمجتمع من أي خطر يتهدده. ويظل العنصر البشري أهم عامل 1) للتأكد من تطبيق القانون و2) الحفاظ على البنية التحتية للمرافق والخدمات عن طريق معدات إضافية أو إتفاقيات خدمات مشتركة و3) توفير أساسيات

إستمرار الإقتصاد في ظل إنقطاع طرق ونقص وسائل مواصلات. وأعتقد أنه من الضروري إعادة النظر في قوانين وسياسات الهجرة والجوازات وأساليب الرقابة فبعد مرور العاصفة يظهر جلياً خريطة بيئية جديدة ولا تصبح الحواجز الحدودية إلا مؤشراً على إختلاف اللغات والعادات والتقاليد فقط.

التكافل هو مبدأ بسيط تستطيع من خلاله كل بلدان العالم التعاون وتفعيل مشروعات لإدارة المخاطر أثناء التغيُّرات قبل أن يمر بها كوكب الأرض. ومن خلال رؤية واضحة وأهداف ملموسة تستطيع كل مجموعة من الدول تحت قيادة إحداهن أن ترسم الهيكل التنظيمي للمشروع الذي يضم نخبة العناصر والكفاءات الفاعلة للتخطيط والتنفيذ إستعانةً بالموارد المتاحة لدى المجموعة. وتلعب تكنولوجيا المعلومات دوراً محورياً لتوفير البيانات والمعلومات اللازمة على مدار الساعة وعبر القارات الشاسعة. وعلى الرغم من تمتع كل فريق بكفاءة وخبرة وحنكة مدراء المشروع للتخطيط والتنفيذ والمتابعة نجد من الضروري تواجد عناصر مواطنة لإقامة جسور إتصال مع المجتمعات الإثنية محل تنفيذ المشروع كما نجد ضرورة توافر بنية تحتية من الخدمات المركزية المشتركة لكافة المشاريع كالموارد البشرية والمالية وتكنولوجيا المعلومات واللوجيستية والقانونية. وعندي إعتقاد بتلاحم وتكاتف الجنس البشري في مجابهة المخاطر والكوارث. وأتخيل إنحسار مد الحروب والمنازعات. وعلى هذا أقترح على منظمة الأمم المتحدة إعادة ترتيب أوراقها فتضع تطوير القوانين والسياسات وتعريف المسؤوليات الداعمة لمشروعات التكافل على قائمة الأولويات. وتستطيع منظمات العمل المدني أن تلعب دوراً فعالاً في تقريب الأمور ووجهات الرأي المختلفة بين القائمين على تنفيذ مشروع إنقاذ ما وبين المجتمع محل تطبيق أيٍ من تلك المشروعات. لقد إنفض مؤتمر الأمم المتحدة في ديسمبر 2008 ببوزناني بإلتزام واضح من جانب الحكومات للدخول في مفاوضات حول إستراتيجيات وخطط العمل اللازمة لمجابهة التغيُّر المناخي وإعتماد تلك الإستراتيجيات والخطط بنهاية 2009 بمؤتمركوبنهاجن وهو ما لم يتم! ويبدو مما تقدم في هذا الكتاب أن محور تلك المحادثات والمفاوضات يجب أن يتخلى عن قصة وضع حصص قصوى للدول لا

تتخطاها من إنبعاثات ثاني أكسيد الكربون فلا أولوية لذلك في الوقت الراهن بعد أن أثبت في هذا الكتاب براءة إنبعاثات الغازات الدفيئة من التسبب بتغيُّر المناخ.

وعلى العكس أتمنى أن يُسَخَّر المجهود لرسم صورة زمنية أقرب لتغيُّرات الأرض بناءً على الأسباب الحقيقة ووضع قائمة الأفعال والمشروعات المميزة لتوقع وتفادي الأضرار. ولا ننسى توالد فرص إستثمارية وتجارية عدة من جراء تعديل السياسات التجارية وتغيُّر أولويات المستهلك ودخول

الدول النامية معترك مكافحة تغيُّر المناخ. ولكن فيما يبدو أن الشركات الصغيرة والمتوسطة تخجل عن إقتناص تلك الفرص وتتركها للشركات العملاقة. وكما يبدو فمعظم تلك الإستثمارات تتمحور حول الإقلال من إنبعاث الغازات الدفيئة وهو للعيان هدفٌ محمود ويخلق العديد من فرص العمل لمن نطلق عليهم ذوي الياقات الخضراء ولكنه يحيد عن الصواب فإنعدام إنبعاث الغازات الدفيئة لن يمنع من إستمرار وتعاظم تغيُّر المناخ الناشئ عن مسببات طبيعية ودورية وبالتالي لا يصح أن يحتل قائمة الأولويات بل يتحتم على البشر إعادة توجيه الموارد والتمويل للإستراتيجيات والأفعال السليمة والتواصل الدوري مع المجتمعات لضمان الدعم والمساندة في كل مشروع. ومثل هذه المشروعات يجب أن تأنى عن أي عائد شخصي أو مؤسسي. والجدير بالذكر أن أسلوب علاج أي مخاطر يجب وأن يتناسب مع حجم تلك المخاطر فالمشاكل العالمية تتطلب أفكار وحلول عالمية. ولكن كيف يبدو العلاج إذا ما تطلعنا إلى الغذاء على سبيل المثال وإستعرضنا المخاطر التي قد تؤدي إلى مجاعة تلف الكوكب بأكمله ؟ إن

الشكل 49- الهيكل المؤسسي

منظمة التجارة العالمية تحاول جاهدةً الإنتهاء من مفاوضات الدوحة وإرساء سياسات تجارية راسخة من شأنها تسهيل التجارة البينية بين بلدان العالم أياً كان صنف السلعة. وفي خضم المفاوضات ولتحقيق التكافؤ بين كافة البلدان تسعى المنظمة لإزالة الدعم الحكومي لأسعار السلع وتخفيض الشرائح الجمركية بالبلاد المتقدمة والنامية على حد السواء مما يعني على سبيل المثال توافر المواد الغذائية للأغلبية الساحقة من محدودي الدخل والفقراء بالبلدان كافة. ومما يبدو أن تلك المفاوضات تمتد لأزمنه طويلة إذا ما أرادت المنظمة معالجة كافة أنواع السلع بنفس الأولوية ولكني أدعو إلى إستثناء تجارة المواد الغذائية من هذه المفاوضات المضنية والبطيئة والسعى إلى بناء وتوفير مخازن غلال لا مركزية بكل مجتمع قائم ومنفصل مهما بلغ حجمه قبل فوات الأوان فلا نستطيع أن نجزم دوام الطرق ووسائل النقل إذا ما ألمت بنا أحداث الساعة الجسام. يجب القضاء على الفردية في التخطيط والتنفيذ والعمل للصالح العام فنحن نحي ونعيش على متن مركبة تشق عمام الفضاء تُسمى الأرض. أي ثقبٍ بها أياً كان موقعه من شأنه إغراق السفينة ومن عليها وبغض النظر عن المركز المالي أو الإجتماعي أو السياسي لأي فرد على متنها. نحن يتحتم علينا فهم الماضي و دراسة الحاضر لكي نستعد للمستقبل القادم ، وعند كل نهاية توجد دائماً بداية جديدة.

المراجع

- Abu-Salieh, S. A. (1999). Muslims' Genitalia in the Hands of the Clergy. *Fifth International Symposium on Sexual Mutilations* (p. 141). Oxford: Kluwer Academic/ Plenum Publishers.
- Australian-Antarctic-Division. (2002). *South Magnetic Pole.* Commonwealth of Australia.
- Boothroyd, A. (2009). *Magnetic monopoles: 70 years from prediction to observation.* Institut-Laue-Langevin.
- Brown, G. C., & Mussett, A. E. (1981). *The Inaccessible Earth.* Taylor & Francis.
- C.S. Sovers, O.J Archinal, P. Charlot. (2000). Annual Report 2000. *International Earth Rotation Service* .
- Canada-Natural-Resources. (2005). *Geomagnetism, North Magnetic Pole.*
- Cruickshank, D. (Director). (2007). *Around the World in 80 Treasures* [Motion Picture].
- David C. Catling, K. J. (2001). Biogenic Methane, Hydrogen Escape, and the Irreversible Oxidation of Early Earth. *Science 293* , pp. 839–843.
- DeSantis, L. (2009, June 2). *UF study finds that ancient mammals shifted diets as climate changed.* Retrieved from Public of Library Sciense: http://www.eurekalert.org/pub_releases/2009.../plos-usf052909.php
- Division, A. A. Common Wealth of Australia.
- Duennebier, F. (1999). Pacific Plate Motion. *University of Hawaii* .
- Egypt, S. I. (2006, November 14). *Ancient Egypt.* Retrieved from Tour Egypt: www.touregypt.net/suezcanal.htm
- Gilbert, A. (2007). *The End of Time- The Mayan Prophecies Revisited.* Mainstream Publishing.

- GIRIJA RAJARAM, T. A. (2002). *Rapid decrease in total magnetic field F at Antarctic stations.* (C. M. Indian Institute of Geomagnetism, Ed.) Retrieved 2009, from Antarctic Science 14 (l), 61-68: http://journals.cambridge.org/download.php?file=%2FANS%2FANS14_01%2FS0954102002000585a.pdf&code=813e17119a1fce1a5eecd461067b11c3
- Hancock, G. (1995). *Fingerprits of the Gods.* Three Rivers Press.
- Hancock, G. (1998). *The Mars Mystery, The Secret Connection linking Earth's ancient civilization and the Red Planet.* Three Rivers Press.
- Hawking, S. (1991). *Quest for a Theory of Everything.* Bantam Books.
- IERS, I. E. (2000).
- IERS, I. E. (2000).
- Lazar, S., Treadway, M., & Chakrapami, S. (2006, January 23). *Science/ Research.* Retrieved from Harvard University Gazette: http://www.news.harvard.edu/gazette/daily/2006/01/23-meditation.html
- Lloyd, S. (2005). *Programming the Universe- A quantum Computer Scientist takes on the Cosmos.* London: Vintage Books.
- Macchi, M., & Bruce, J. (2004). *Human pineal physiology and functional significance of melatonin.* Front Neuroendocrinol .
- Marrs, J. (1997). *Alien Agenda- Investigating the Extraterresterial presence among us.* Harper Paperbacks.
- McMoneagle, J. (1998). *The Ultimate Time Machine- A Remote Viewer's Perception of Time and Predictions for the New Millennium.* Hampton Roads Publishing Company Inc.
- Milbert, G., & Smith, D. (2007). Converting GPS Height into NAVD88 Elevation with the GEOID96 Geoid Height Model. *National Geodetic Survey, NOAA* .

- Moran, J. (2005). *Weather.* NASA/World Book, Inc.
- Mozes, R. B. (2007). *First Ever.* Retrieved from Traditional Circumcision: http://www.britpro.com/default.asp?p=first
- National-Acadmy-of-Sciences. (2009). *Severe Space Weather Events-Understanding Societal and Economic Impacts.* National Academies Press.
- Newberg, A. (2002, March 1). *Science and Technology.* Retrieved from BBC News: http://news.bbc.co.uk/2/hi/science/nature/1847442.stm
- Ng, S. K. (2002, 10 17). *Magnetic monopole is photon.* Retrieved from Research Gate- Scientific Network: https://www.researchgate.net/publication/2054444_Magnetic_monopole_is_photon
- Penrose, R., & Gardner, M. (2002). *The Emperor's New Mind: Concerning Computers, Minds and Physics (Popular Science).* Oxford: Oxford University Press.
- Philips, G. (1998). *Act of God Tutankhamen, Moses and the Myth of Atlantis.* HB Sidgwick & Jackson, PB Pan .
- Pidwirny, M. (2006). *Fundamentals of Physical Geography.* PhysicalGeography.net. http://www.physicalgeography.net/fundamentals/7h.html.
- Podolak, M.; Weizman, A.; Marley, M. (Dec 1995). *Comparative models of Uranus and Neptune.* Planetary and Space Science. 43 (12): 1517–1522.
- Radford, B. (2007, July 21). *The Ten-Percent Myth.* Retrieved from Snopes.com: http://www.snopes.com/science/stat/10percnt.html
- Sanders, R. (2003). Radioactive potassium may be major heat source in Earth's core. *UC Berkeley News* .
- Schaefer, L. (1997). *In Search of Divine Reality; Science as a Source of Inspiration.* Fayetteville: University of Arkansas Press.
- Smith, G. E. (1910). Circumcision in Ancient Egypt. *British Medical Journa* , 294.

- Solomon, S., Plattner, G.-K., Knutti, R., & Friedlingstein, P. (2009). Irreversible climate change due to carbon dioxide emissions. *National Academy of Science* .
- Targ, R. (2004). *Limitless Mind- a guide to remote viewing and transformation of consciousness.* New World Library.
- Thomas, C., & Hannah, L. (2004, July 8). Science News. *Nature* .
- Thompson, A. (2008, 12 16). Leaks Found in Earth's Protective Magnetic Shield. *Space.com. Imaginova Corp* .
- Tilak, B. G. (1903). *The Arctic Home in the Vedas.* Arktos Media Limited.
- University-of-California-Los-Angeles. (2009, May 13). *Science News.* Retrieved from Science Daily: http://www.sciencedaily.com/releases/2009/05/090512134655.htm
- Williams, D. R. (2004). *Earth Fact Sheet.* NASA. http://nssdc.gsfc.nasa.gov/planetary/factsheet/earthfact.html.
- Wilson, I. (1985). *Exodus Enigma.* Weidenfeld & Nicolson.

يحمل طارق نيازي درجتي البكالوريوس والماجيستير في الهندسة الكهربائية وعلوم الكمبيوتر على التوالي. وقد عمل بشركة أي بي إم لمدة 25 عاماً في مجالات مختلفة. كما أسس وأدار عدة شركات لنفسه وللغير في مجالات التعليم والإستثمار وإستشارات إعادة الهيكلة وإدارة مشروعات التطوير والتكامل. ويهتم المهندس نيازي بعلوم الجيولوجيا والفيزياء والفضاء جنباً إلى جنب وعلوم الدين. ولقد أثّرت زيارته للعديد من بلدان العالم ومعايشته الثقافات المختلفة في رؤيته للأمور وتقبل الرأي الآخر وعنوانه البريدي هو tniazi@contegra.ae كما يمكن الرجوع لأخر التطورات إن وجدت على
http://www.planet-earth-2017.com

This page is intentionally left blank